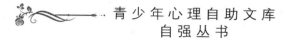

U0604941

自 尊

我自横刀向天笑

方建和/编著

 知耻，并且做到自尊，是一个人前进的
强大动力。唯有自重知耻，才会更加珍
惜自己的自尊，才能赢得他人的尊重。

中国出版集团　现代出版社

图书在版编目（CIP）数据

自尊:我自横刀向天笑 ／ 方建和编著. —北京：现代
出版社，2013.7

ISBN 978-7-5143-1609-4

Ⅰ . ①自… Ⅱ . ①方… Ⅲ . ①自尊 - 青年读物
②自尊 - 少年读物 Ⅳ . ①B842.6 - 49

中国版本图书馆 CIP 数据核字（2013）第 149174 号

编　　著	方建和
责任编辑	窦艳秋
出版发行	现代出版社
通讯地址	北京市安定门外安华里 504 号
邮政编码	100011
电　　话	010 - 64267325 64245264（传真）
网　　址	www.1980xd.com
电子邮箱	xiandai@ cnpitc.com.cn
印　　刷	北京中振源印务有限公司
开　　本	710mm×1000mm　1/16
印　　张	14
版　　次	2019 年 4 月第 2 版　2019 年 4 月第 1 次印刷
书　　号	ISBN 978-7-5143-1609-4
定　　价	39.80 元

P 前 言
PREFACE

　　为什么当今时代一部分青少年拥有幸福的生活却依然感觉不幸福、不快乐？又怎样才能彻底摆脱日复一日的身心疲惫？怎样才能活得更真实、更快乐？越是在喧嚣和困惑的环境中无所适从，我们越是觉得快乐和宁静是何等的难能可贵。其实，正所谓"心安处即自由乡"，善于调节内心是一种拯救自我的能力。当我们能够对自我有清醒认识，对他人能够宽容友善，对生活能无限热爱的时候，一个拥有强大的心灵力量的你将会更加自信而乐观地面对一切。

　　青少年是国家的未来和希望。对于青少年的心理健康教育，直接关系着下一代能否健康成长，能否承担起建设和谐社会的重任。作为家庭、学校和社会，不能仅仅重视文化专业知识的教育，还要注重培养孩子们健康的心态和良好的心理素质，从改进教育方法上来真正关心、爱护和尊重他们。如何正确引导青少年走向健康的心理状态，是家庭、学校和社会的共同责任。因为心理自助能够帮助青少年解决心理问题、获得自我成长，最重要之处在于它能够激发青少年自我探索的精神取向。自我探索是对自身的心理状态、思维方式、情绪反应和性格能力等方面的深入觉察。很多科学研究发现，这种觉察和了解本身对于心理问题就具有治疗的作用。此外，通过自我探索，青少年能够看到自己的问题所在，明确在哪些方面需要改善，从而"对症下药"。

　　成功青睐有心人。一个人要想获得事业上的成功，就要有自信，就要把握住机遇，勇于尝试任何事。只有把更多的心血倾注于事业中，你才能收获

前
言

成功的果实。

远大的目标是人生成功的磁石。一个人如果仅仅拥有志向,没有目标,成功就无从谈起。

一个建筑工地上有三个工人在砌一堵墙。

有人过来问:"你们在干什么?"

第一个人没好气地说:"没看见吗? 砌墙。"

第二个人抬头笑了笑说:"我们在盖幢高楼。"

第三个人边干边哼着歌曲,他的笑容很灿烂:"我们正在建设一个城市。"

十年后,第一个人在另一个工地上砌墙;第二个人坐在办公室里画图纸,他成了工程师;第三个人呢,是前两个人的老板。

三个原本是一样境况的人,对一个问题的三种不同回答,反映出他们的三种不同的人生目标。十年后还在砌墙的那位胸无大志,当上工程师的那位理想比较现实,成为老板的那位志存高远。最终不同的人生目标决定了他们不同的命运:想得最远的走得也最远,没有想法的只能在原地踏步。

远大美好的人生目标能吸引人努力为实现它而奋斗不止。每当你懈怠、懒惰的时候,它犹如清晨叫早的闹钟,将你从睡梦中惊醒;每当你感到疲惫、步履沉重的时候,它就似沙漠之中生命的绿洲,让你看到希望;每当你遇到挫折、心情沮丧的时候,它又犹如破晓的朝日,驱散满天的阴霾。

在人生目标的驱策下,人们能不断地激励自己,获得精神上的力量,焕发出超强的斗志。那样,你就能收获成功的果实。

本丛书从心理问题的普遍性着手,分别描述了性格、情绪、压力、意志、人际交往、异常行为等方面容易出现的一些心理问题,并提出了具体实用的应对策略,以帮助青少年读者驱散心灵的阴霾,科学调适身心,实现心理自助。

本丛书是你化解烦恼的心灵修养课,可以给你增加快乐的心理自助术。本丛书会让你认识到:掌控心理,方能掌控世界;改变自己,才能改变一切。本丛书还将告诉你:只有实现积极心理自助,才能收获快乐人生。

C目 录
ONTENTS

目

录

自 尊

——
我自横刀向天笑

第六篇　做个有自尊的人

第七篇　尊重他人就是尊重自己

第八篇　自尊和理解

目录

自 尊

我自横刀向天笑

第一篇 >>>

真正的自尊

　　一个人希望得到他人的尊重和关爱，就必须首先学会自己爱自己，自己尊重自己，自尊自爱，方能受人尊重。自爱，就是在日常的生活之中要爱惜自己，接受真实的自己，喜欢真实的自己，在适当的时候懂得理解自己，宽容自己。自尊，就是自己要尊重自己，自己要维护自己的尊严和人格。

　　一个人成功的因素有很多，勤劳、智慧、认真、耐心、诚信、创新等。这些因素都是彼此影响、相辅相成的。无论如何，全力以赴地去做一件自己认定的事情，就一定会获得成功，所谓"世上无难事，只怕有心人"。

自尊是人的一种基础感受

自尊的基础

自尊，对于所有的孩子，乃至所有的成年人来说都是一种至关重要的特点。自尊，是人的一种基础感受，它让你觉得自己真的非常不错。自尊，是老师在进行教育时的经典话题，也是我们与其他父母偶尔交谈中时刻都会提到的话题，但是，要发展这种特点可绝对不像人们说起来那么容易。

以伊桑为例。在他的生活中，伊桑总是被告知他做得太好了。他的父母相信，赞扬是至关重要的，通过赞扬他做的每件事，他们能够在儿子的心中创造积极的自尊。但问题是，他们对所有的事情都大加赞扬，弄得伊桑根本不知道是他真的做得很好，还是无论他做什么，爸爸妈妈都会说："哦，你真是太棒了……"

这种不假思索的赞扬让伊桑感到很没有自信。他总是爱向周围的人来寻求认同。他把作业给朋友们看，或者把画的东西再拿给姐姐看看，而且，他还会焦急地询问说："还行吗？我做得对吗？"在教室里，他总爱跑到老师的桌旁去问："这次我做得对吗？"伊桑完全没有自信。

这里还有另外一个极端的例子。萨利在家里似乎什么都做不好，总是会受到批评。她父母认为，在一些萨利能完成的事情上，再给她点儿压力会让女儿做得更好。但是，萨利却沮丧地认为，自己永远无法取悦

他们。最后，爸爸妈妈的态度彻底伤了萨利的心，她告诉自己说："好吧，好吧，我什么都做不好，不管我努力做什么都做不好，那我还努力什么呢？"她会经常性地否定自己，长期在沮丧郁闷中不断挣扎，这让她不敢再去尝试什么新事物或是有点困难的事情，因为她觉得即便自己努力了，成功的希望也很渺茫。

尽管伊桑和萨利的父母都以为自己的方法是对的，但是很显然，这两种教育方法都不能造就一个自信的、悦纳自我的孩子。伊桑的父母让儿子的生活过于简单，而萨利的父母则让女儿的生活过于艰难。

自我感知的重要性

去年夏天，8岁的安妮在邻居的泳池里参加了一场跳水比赛。她高兴地邀请了爸爸妈妈来观看。他们看着安妮，她穿着鲜红的泳衣，戴着白色的泳帽，走向低台跳板。到了最后一轮，安妮要去跳从未挑战过的高台跳板了。小姑娘看了看父母，然后勇敢地走向了通往高台跳板的台阶。她爬了上去，走到跳板前端，踮起脚尖——她跳了！动作不算完美，但是当安妮从水中浮出，她咧嘴笑了。

"我做到了！我做到了！"她喊道，"我知道我能行！"

那天，安妮没有赢得绶带，她可能也不会为参加奥运会而继续训练。但是，在回家的路上，小安妮对自己和自己的表现感觉相当棒。"小宝贝，真令人难以置信，你从高台上跳下去时真的是非常勇敢。"妈妈在开车回家的路上说。

"是的，"安妮的回答更像是在自言自语，"我知道我能做到的。"

小安妮从哪来的自信呢？在这么多人（包括妈妈和爸爸）的面前，去尝试她从来都没有做过的事呢？后来，她为什么会感觉这么棒？原因很简单，因为她是一个自知自信而又乐观的孩子。当她从游泳池里冒出小脑袋的时候，微笑的小姑娘展现出了强烈的自信——这可是妈妈在安妮 8 个月的时候就见过的甜蜜微笑哦。

心灵悄悄话

一个没有自尊的人，很难得到别人的尊重。无论是自己对自己价值的肯定，还是他人对我们价值的肯定，即自尊与被人尊重都是快乐的。

确立自尊

心理学上的自尊与平时我们所说的自尊心是不同的。心理学上的自尊是个人对自我价值和自我能力的情感体验。自尊涉及个人对自己是否有积极的态度，是否感到自己有许多值得骄傲的地方，是否感到自己是成功的，或是有价值的。我们经常说某人自尊心很强，但不代表他有高水平的自尊。

有一个女孩，从小到大的一切生活都是由家长料理。她的成绩好，她有较高的智商，但却缺少自尊。在学习上她有很多的想法，回到生活中，很多事她却又拿不定主意，习惯了父母给做决定，总觉得离开了父母的安排，自己什么都办不好。

从一所名牌大学毕业后，她到一家大企业应聘笔译工作。不要说她是名牌大学毕业的，而且英语过了八级，仅凭着她的相貌就能让招聘者眼前一亮。

事实也确实如此，考官们都对她表示满意，但是企业的人事部临时有个小小的改动，他们更需要一位能同声翻译的总经理助理。大部分考官都一致认为她能胜任此职位，并说："如果你认为自己能胜任的话，明天你就可以来上班了。"

这个职位要比笔译职位好，更有助于她的成长，但也具有更大的挑战性。她觉得还是笔译对她来说难度小一点，于是，她便对考官们说，要先回家与父母商量一下再答复他们。

女孩把自己的求职经历告诉了家人。家人都说她太傻了，这么好的机会应该马上就答应对方。父母不断地鼓励女孩，以她的敏捷和目前的会话能力，工作后再加强专业词汇的训练，这份工作对她肯定是没有问题的。

经过父母的这番鼓励，女孩顿时有了信心，感觉自己又能胜任这份工作了。前思后想一番后，终于在第三天给对方企业打电话，打算去工作。结果这份工作已经被别人抢先了。或许最终拥有这个职位的人职业能力并不如她。

这个女孩之所以失去一次宝贵的机会，并不是她的能力真的做不到，而是她不相信自己有这样的能力。从这个故事中，我们可以看出这个女孩的自我概念有失偏颇，不仅如此，还在于她的自尊水平太低。

当我们体验成功或者受到表扬时，自尊水平就会上升。高自尊的人总是很自信、自豪和自重，他们的行为动机主要来自自己对自己的高度关注，总是希望得到别人的认可、欣赏和尊重。而低自尊的人则常常感到不安，缺乏自信并且不停地自我批评，因此产生焦虑和不快乐。他们总是担心自己做不好而丢脸，常常使自己变得孤立。

心理学家詹姆士提出了一个关于自尊的经典公式：自尊 = 成功/抱负。意思是说自尊取决于成功，还取决于获得的成功对一个人的意义。从这个公式可以看出，我们要提高自尊水平，可以通过增大成功或是减小抱负来实现。

这一点其实很好理解。还是以上面的这个女孩为例，要是她过去的每一次努力，几乎都能获得成功，这样她就会对自己形成一种认识——"实践证明，凡是我做过的事，一定能做好"，所以她会非常相信自己的能力。又或是，她在生活中降低自己的成功标准，比如这次面试她之所以信心不够，是因为她害怕自己不能胜任。何为能胜任，何为不能胜任？这个标准在她内心已经存在。如果她能将这个标准降低，显然她会认为自己是优秀的。

如果这个女孩有较高自尊水平，显然她会对自己充满信心，相信自

第一篇　真正的自尊

己一定能行，从而能抓住生活中的每次重要机会。

因此，年轻人要提高自尊水平可以从两方面来努力：努力让自己成功，或是适当地调整目标和计划。

成功的人更自信，失败的人更自卑。很多人因为自信，所以成功，他们成功后又变得更加自信；很多人因为自卑，所以失败，他们失败后又变得更加自卑。年轻人提高自己的成功概率，有助于增加自己的信心。

一个人成功的因素有很多，勤劳、智慧、认真、耐心、诚信、创新等。这些因素都是彼此影响、相辅相成的。无论如何，全力以赴地去做一件自己认定的事情，就一定会获得成功，所谓"世上无难事，只怕有心人"。

当然，个人的力量是有限的，有时候，我们的成功需要依靠更多人的力量，因此，对于年轻人来说，处理好人际关系也是能否获得成功的一个重要因素。

设置适当的目标和计划。成功有很多的制约因素，有时候我们觉得成功很难，这个时候，我们要意识到是否需要降低自己的期望值（抱负水平）。这样，一个小的成功就能让我们惊喜不已，进而激发我们追求更大的成功。

心理学家曾做过一个有趣的投环实验：投掷距离由被试者自己确定，距离越远，投中的得分越高。实验结果表明，凡是抱负水平高的人，多选择在中等距离投掷；而抱负水平较低的人，则多选择很近或很远的距离投掷。即他们或者要求很低，或者孤注一掷。由此可见，真正具有高抱负水平的人，他自己定的目标总是适度的，既要做到有足够的把握，又要经过一定努力能够达到目标。毫无把握的冒险，或不用付出努力就可轻易达到目标的事，他是不干的。

适度的目标才有强烈的激励作用，假如一个人的抱负水平低，他固然容易达到目标，但是那种成就并不能给他带来满足感，对于增强他的自信心、提高他的自尊，几乎没有什么影响。他的身心潜能没有得到发挥，处于埋没状态，就会空虚、苦闷；如果抱负过高，超过了自己的能力，虽然他会全力以赴，但仍感力不从心，如果最终未能实现目标，挫败感就会产生，使得他的自尊水平降低。

心灵悄悄话

　　我们做事容易半途而废，很多时候是因为我们觉得目标太远。我们不是因为失败而放弃，而是因为目标设置不当导致倦怠而失败。

第一篇　真正的自尊

培养孩子的自尊心

　　自尊、自信是一个人能站立起来的支点。父母要肯定和赞赏孩子的每一个微小成功，培养和增强孩子的自尊、自信。

　　孩子尤其注意别人对自己的评价，希望自己能够受到别人的重视和尊重，任何轻视、损害、挫伤，都会使他们失去前进的动力和勇气，从而带来不良的后果。

　　记得方策上小学二年级的时候，我们单位工会利用假期组织机关干部带着家属到金石滩海滨旅游。中午，吃过饭后，一群人坐在大树下纳凉。有人提议，大家围成一圈，让随行的小朋友表演文艺节目。于是，大人们围成了一个大圆圈，随行的孩子一个个走到中间，各自展示自己的才艺。轮到方策了，结果她大声说，我不会，而且一边说着一边往家长身后躲。当时，作为家长看到别人的孩子一个个落落大方地表演，还不时博得阵阵掌声，而自己的孩子却难登大雅之堂，确实感到有些尴尬，但我既没有强迫孩子给大家表演文艺节目，也没有由此批评孩子。因为强迫孩子去做自己不愿做的事，只能是一种伤害，而家长懊恼、生气或挫折的表情也会让孩子觉得自己是个令父母不满意、事事做不好的孩子。平时并不怯场的女儿为什么拒绝演出而且还要做事先说明？一定事出有因。我估计，很可能是先于方策表演的几个孩子，年龄都比她大，表演的文艺节目自然都比她强，所以她不想在众人面前出丑，特意用这种拒绝来保护自己。我们大人在自卑和胆怯时，不也经常用拒绝来保护自己的面子吗？于是，我大声告诉同事："下次，下次一定给大家演个精彩的节目"，算是给孩子打了个圆场。

方策从小是个性格内向的孩子，有胆小、紧张的倾向，小时候只要见到生人，总是怯生生地躲在大人的身后。我们从不揶揄孩子，总是充满期待地鼓励她，对她各方面取得的每一点进步，都表现出极大的兴趣，给予孩子鼓励和信心。方策在幼儿园的时候还不爱发言，特别是由于没有背出老师教的唐诗而被罚站。好在我们从不刻意教孩子背诗，所以她没有把不会背诵唐诗看得多么丢人，同时也没有把被老师罚站看得有多么严重。对孩子说错了的话，我们也不指责，总是鼓励她大胆地发表自己的意见。随着年龄的增长，方策渐渐地变得性格开朗起来，喜欢与人交流，而且凡事都很有主见。

我们觉得，家长切忌当着外人的面批评或者讽刺孩子。保护孩子的自尊，首先是基于对孩子人格的尊重。我们常看到有一些家长当着外人的面数落孩子如何调皮、不听话，如何不懂事，把孩子数落得一无是处。这种对孩子羞辱的做法，具有极大的杀伤力。试想如果一个孩子经常处于被轻视、被当众指责或者被贬低的地步，他能不产生自卑、胆小、畏缩的毛病？能不对自己缺乏信心吗？在家庭中，孩子不听话、做错事、惹大人生气是常有的事，家长恼火的时候最好先克制情绪，等平静下来后再用和蔼的语言把道理讲给孩子听，使孩子意识到自己错在哪里，这样比简单的训斥或者当着外人的面数落孩子的效果要好得多。

方策妈妈大学的一个同学，和我们同住在一个大院内，平时两家自然免不了有一些来往。这位同学的女儿比方策稍稍大点儿，因为聪明乖巧而备受大人们的喜爱。最初我们带着方策到她家去玩，小姐姐的举止谈吐让方策妈妈好生美慕。大约过了半年，两家人又聚在一起，那位小姐姐一会儿展示自己的获奖作文，一会儿背诵诗歌，而方策只有当看客的份，或者跟着小姐姐在一起玩闹。聚会结束后，方策妈妈赞不绝口："你看人家小姐姐多优秀。"妈妈的赞美引起了方策的强烈反感，从此以后，再也不想到小姐姐家去玩，甚至只要一提起那位小姐姐，她就不高兴。孩子的心灵最纯洁，也最脆弱，没有一个孩子相信自己是不行

的。当然，每个人都会有长处和短处。在教孩子认识自己不足的时候，也应该让他看到自己的力量，而不恰当地拿自己孩子的不足去和别的孩子的优点做比较，只会打击他的信心，甚至引发他的嫉妒和不平。其实方策妈妈不是不懂得这一点，其主要原因还是看到别的孩子表现得好了就着急。实际上，不只是方策的妈妈，攀比在很多位家长中都存在。现在攀比已经成了望子成龙、望女成凤的家长们的顽症。过去，中国有句俗话，叫作"老婆都是人家的好，孩子都是自己的好"，随着对孩子的期望值越来越高，一些家长硬是把这句话颠覆了，越看自己的孩子越不如别人的孩子。于是，又是吵又是骂，逼着自己的孩子向别人的孩子看齐，这样不但不能促进孩子进步，相反还会让孩子产生更加逆反的心理。孩子如果具有这些优秀的心理品质，无疑会给他们今后的生活奠定一个良好的基础。由于自尊，便产生了自信。自信就是相信自己的能力、潜力，向往自己能战胜困难，是一个人对自身能力、力量的认识和充分估计，是一个人能站立起来的支点，同样是孩子不可缺少的心理品质。当孩子写好一个字、做对一道题、洗净一双袜子，都会有成功的喜悦，都会希望自己下一次做得更好。作为家长，给孩子以帮助，让他们有点滴的成功的体验，并不是多么难的事。所以，对方策任何一个微小的成功，我们都会给予她充满期待和欣赏的目光，相信它能增强孩子的自信。在方策上六年级时遇到的一件事让我们再一次体验到了尊重孩子的重要。

六年级是小学阶段最为关键的一年，面临着紧张的毕业考试。能否进入理想的中学就读，很大程度上决定了孩子以后的发展，是孩子成长过程中的一个转折点。为了让孩子顺利跨越过人生关键一坎，老师对孩子们的学习抓得更紧了，学校召开家长会的密度也明显增大，家长们遇到一起，忙不迭地交流着各种信息，有的到处找复习题让孩子做，有的干脆把孩子送到升学辅导班去接受迎考的训练。这个时候，我们也忙着收集有关信息，帮助孩子做些热身活动。

我和方策、方策妈妈专门到我的一位大学同学家串门，以便了解有关孩子升学考试方面的情况。我的这位同学在一所省级重点高中教书,孩子在一所很有名气的小学念书,刚好也面临着备考初中。和搞教育的同学在一起,孩子又恰好都要考学,话题自然是备考。说着说着,我的同学拿出了某小学编印的据说是很权威的小升初数学复习题,让两个孩子做。最后的结果是,同学的孩子答题的速度明显比方策快,而且准确率也高,显然受过专门训练。方策妈妈心里急成了一团火,于是就当着我同学一家人的面开始数落方策,夸奖那个孩子。我当时有些不冷静,腾地一下也火了,觉得这种数落很容易伤害孩子的自尊和自信:"方策一点也不差,只是没有这方面的专门训练,如果练习几天,一点没问题。"不知道我的同学当时是什么感受,但我至少向方策透露了两个信息:一是自己完全没有必要自惭形秽,在答数学题方面自己没有任何问题,只要认真学习,一定能考出好成绩;二是家长对他充满了信心。果然不出所料,在小学升初中的全市通考中,方策的数学成绩考了个满分150分,这个成绩当时在全市并不多见。

对孩子最大的打击莫过于说他不行,特别是在外人面前,哪怕是一句客套话,你也要考虑到孩子的自尊心。自尊心是孩子心灵中最敏感、最脆弱的角落,也是最容易受到伤害的地方。作为家长我们保护它都唯恐不及,怎么可以恣意伤害?赞扬是一种美德,也是一个礼物,应该送给所有的孩子。

心灵悄悄话

自尊是一种自我认识,意味着对自己的肯定和接受。自尊心强的人富有独立性,在对自己持肯定态度的同时对他人往往也能接受和信任。这一类人性格开朗,善于表达和交际,人际关系良好,富于创新,不畏挫折。

自尊，始于知耻

自尊，始于知耻。有了羞耻心，你会节制自己的行为，做错了事情，你会感到惭愧，辜负了别人，你会感到内疚，落伍了，你会奋发上进。这一切，都是你对自己的要求，目的就是做最好的自己。除非你自己做错了，没有什么能让你的内心感到羞耻的事。

有一个画家，想创作一幅作品《魔鬼与天使》，在大街上找到了一个非常天真烂漫的小孩儿，做天使的模特，却苦于找不到魔鬼的模特。整整40年过去了，都没能实现。有一天，在大街行走，发现一个沿街行乞的乞丐，表情贪婪、龌龊，他大喜，这不正是魔鬼吗？画家走过去付钱给乞丐，要他做模特。在画室里，乞丐大哭，原来，挂在墙上的天使画像，就是40年前的他，因为40年没有努力，导致落魄为乞丐。

40年前做天使的那个模特，40年后成了魔鬼。是谁毁了他的尊严？是那些打过他、骂过他的人吗？绝对不是。事实上，是他自己。如果他不甘堕落，没有人能把他从天使变成魔鬼。

尊严大都不是在战斗中捍卫的，而是需要在成长中坚持的。坚持什么？就是要坚持做最好的自己，不论你遇到什么干扰，都要保持冷静，矢志不渝。世界上唯一能伤到自尊的东西就是自弃。

韩信当年为何甘受胯下之辱？因为他知道自己此生绝非市井屠夫之辈，他不愿意因逞一时的匹夫之勇而破坏自己的鸿鹄之志。当点兵多多益善的将军衣锦还乡的时候，对当年的泼皮却赦而不杀。那个时候，这个泼皮一定还记得韩信当年的眼神，那眼神淡定而又坚毅，那眼神中写着什么是真正的尊严。

在 MSN 办公室社区中，有位朋友给我留言："是不是一个人在没有独立、没有能力之前或者没有成事之前就不应该太在乎自己的自尊，甚至该放下自己所有的自尊呢？"

我们且不急于回答这个问题，先想想：职场上什么事情最伤自尊呢？在一般人看来可能莫过于当众被上司骂了，尤其是当上司大发雷霆、劈头盖脸骂得你狗血喷头的时候。

这个时候你会怎么反应呢？我随便在网上搜索了一下，得出答案如下："见怪不怪，当他放屁；此处不留爷，自有留爷处；老子不爽，直接滚人；回骂过去，那还用说！"

这些语言很是有力度，听起来也很解气，是不是这样就捍卫了自尊呢？这种听起来很"血性"的做法在职场上是不成熟的。不成熟的结果就是——你卷铺盖走人，上司留下。

我一再强调不要把"事情"与"情绪"混淆起来，做事的职业态度是对事不对人，不带情绪看问题。你可能说，那为什么上司还骂人呢？上司骂人是他的不对，他已经把情绪掺入事情中了。这个时候你就不能再犯同样的错误。

上司发飙，你不要和他一般见识。

以前做过一个培训，培训师讲了一个故事，说一公司开会，上司大怒，拍桌子瞪眼睛，从地上骂到桌子上，直骂得上司大汗淋漓、口干舌燥；下属们一边点头称是，一边端茶送水递毛巾，请上司继续骂。常人不解，问下属焉能如此找骂。下属说："上司太可怜了，他疯了。"

想象一下，如果这群人在一个密闭的玻璃会议室中，你在室外观察，听不到他们说什么，只能看到一个家伙脸红脖子粗的，时而上蹿下跳，时而拍桌子摔东西，你是否也会觉得他"疯了"呢？很有可能。

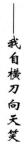

因为他的举动太反常了，看起来像个泼猴。但是如果你置身室内，是当时被骂的对象，你还能这般平静吗？

始终以平和的心态看问题，这是要靠修养的。你经历的事情越多，你就体会得越深刻。当那个上司发泄之后，谁的自尊受到了伤害？是那个始终彬彬有礼的下属吗？其实是那个上司。当夜深人静的时候，他会感到羞愧，因为他在众人面前失态了。

那个体谅上司"疯了"的员工是修炼到一定层次了。我们都有失态的时候，然而不是每个人都懂得给别人机会，让他去"疯"一把。他已经失去理智了，这个时候你是在包容你的上司。

当你感觉自己受到了外界的"冲击"时，要心平气和地对待。这时候维护自尊并非体现在你的"反抗"有多激烈上，而是体现在你能在多大程度上排除干扰，让争议回归事实本身，解决最核心的问题。在职场上，请"Be calm and be a gentleman"（保持冷静，做一名绅士）。

自尊源自一颗坚强的心，源自永不言弃。

心灵悄悄话

很多人觉得自尊是别人与自己之间的事，当我受到挑战的时候，就要去战斗，去维护自尊。其实自尊是你与自己的事——我们单从字面上看——自尊即自己尊敬自己，这与别人无关。

自尊心养成的关键

　　培养孩子自尊心的第一个原则是：别让他淹没在赞美中。这可能跟我们的直觉想法背道而驰。孩子们是依据别人的反应来判断自己是否做得好，或是何时需要更加努力的。请您记住，一定要看到并且关注孩子们的所有努力。当然，你也得巧妙选择时机向孩子提出更多的期望。

　　另外一条原则是：你的关注与赞美必须是真诚的、发自内心的。你4岁的孩子建造了一个精致的积木城堡，他把人形玩偶当成了城堡里的老百姓。这时，如果你正想着白天的工作，随口说上一句"真是个不错的城堡"时，他是不会受到鼓舞的。

　　相反，如果你兴奋地转向他，两眼闪动着赞赏的光芒，对他说："哇！我敢打赌没人能攻破这座城堡！"这样，你就会让孩子由衷地感到：你对他的尊重就像一道温暖的光围绕着他。

　　所以，要仔细地去看、去听宝宝所说所做的一切有趣的、富有创造性的事情。当他取得新成绩时跟他一起开心庆贺，关注他的手势，关注他思想和身体上的巨大变化，这样，你会帮助他不断提升自我认知和自我认同的能力。对他来说，当你看到了他的一些冒险行为，或是他有别于以往的做法时，并且，对他的所作所为表现出关切的回应时，他就会知道他在进步，他的进取心得到了你的赞美和尊重。

　　你对宝宝点滴进步所给予的温暖关注对他而言至关重要。在他3个月大的时候，他给你一个灿烂的微笑；在他6个月大的时候，他懂得用两根手指做出加油的姿势；在他1岁的时候，他靠着沙发第一次去尝试平衡站立；在他18个月大的时候，他能用积木搭建起摩天大楼；而当

第一篇　真正的自尊

他长到 8 岁时，他第一次用头顶足球。宝宝在某一方面取得的成绩能带动其他方面都得到提升，他的自我价值感也会随之增强。

适当地提高新任务的难度系数是培养孩子自尊心的另一个基本原则。正如我此前所提到的，发展孩子积极的"能做到"的态度，一种方法是安排新的学习任务，这种方法能让他每次取得至少 70%～80% 的进步。如果你对他取得的那些小小进步感到骄傲，那么他就能从自己的成就中体验到真实的、自我感知的乐趣。

最后，可以使用一些精挑细选的词语。比如，当你说"我很高兴你对沙鼠很有礼貌""你画的房子真像罗塞姨妈家的"，或者"这诗写得真优美"，他就会感到自己真的做了很特别的事情。他的自我意识会开始扩展："我是关心动物的人""我能学好画画"，或者"我真的能写作"。在他开始为自己能做好一些事情感到骄傲的同时，他也能开始接受自己的一些缺点。当然，他还是会对自己的消极个性感到有些失望和尴尬，但因为他有天赋的优秀品质，所以他是不会被打垮的。

让孩子接受自己的所有方面，甚至是那些不讨人喜欢的方面，这需要你为他提供温柔但坚定的行为限制。你给他制定的行为界限让他明白，他能控制那些自己并不擅长的事情，当然，这种行为界定并不是要扼杀孩子的好奇心。当他从最好的朋友那儿"借了"新的马丁机器人，把它藏在自己的书桌里时，他需要你在他身边蹲下身来，温柔地注视着他低垂的双眼，用你的手牢牢抓住他的手，跟他说，他拿了不属于自己的东西，这个问题很严重。你可以问他为什么要这样做，告诉他如果朋友发现自己的机器人没了该有多伤心，然后，你提出一个合适的建议来弥补这件事，这会大大减轻孩子的羞愧感。随着时间的推移，你的孩子将会慢慢接受自己个性中的好与坏，愚蠢与聪慧，害羞与大胆，嫉妒与大方。

培养孩子自尊心不是以毫无原则的热情赞扬为基础的。它其实来源于宝宝在成功克服困难之时所体会到的那种令人欣慰自豪的快感——这种感觉可能来自宝宝学会打开橱柜的门拿到了点心罐，也可能来自孩子们成功通过了 SAT 的数学考试，当然，也有可能来自别人对他的热情认可。成长过程中，一个人遇到和克服的挑战越多，他身边有越多的人能够看到他的成功，他的自我感觉就会越棒。

正如我刚刚讲到的那个安妮和小小跳水板的故事所表现的，良好的自我感觉源自不断取得进步。安妮从低台跳板到高台跳板取得了逐渐发展的进步。不过，她是如何通过发展自信（实际上是勇气）实现这一步的呢？其中一部分的原因就是她亲爱的爸爸妈妈很明智地让她经历了多次失败。他们可从来都不帮他做家庭作业。有时候小安妮因为粗心出现了拼写错误，但是，她慢慢学会了答卷时要加倍小心，试卷上那个大大的红 A 让她意识到了她最终战胜了自我。诸如此类的经验还有很多，比如在她失望时和高兴时，爸爸妈妈给予的大大拥抱，所有这些让安妮最终踏上了通往高台的跳板——这也是一条通往自尊与自我接受的道路。

有的孩子很"幸运"，爸爸妈妈为他们准备好了一切，而且，在他们的成长之路上，还会不断帮助他们跨过每一道障碍；而有的孩子则要独自面对困难，完全靠自己的力量去跨越一道道人生障碍。两者相比，可能前者获取自尊的根基会稍显薄弱一些。当然，要是让孩子没完没了地背负一个个任务，甚至将一些不可能克服的困难强压在孩子头上，那么，他也很难从中获得良好的自我感觉。

正如俗语所说："一半的乐趣在抵达目的地的过程当中。"如果把这句俗语应用在获取自尊和实现自我接纳的过程中，那么，获取自尊的过程就是全部乐趣所在了。自尊包括多方面能力的发展。它需要孩子不断发展身体的感知能力——要对身体有很好的了解，知道它能做什么。它需要孩子树立世界观，这是一种乐观的、勇于尝试新事物并且期待成功的世界观态度，这种态度能够获取骄傲感和成就感。它还需要孩子能够认识到自己的长处与弱点，能够了解二者之间的区别。当然，它还需要孩子能够接纳别人的缺点，愿意去帮助别人，并且能够同时为别人的优点感到高兴和骄傲。

自尊

自尊还与自我的形象定位密不可分，也就是说，你能画出自己，并用积极的情感来看待这副自画像。早在安妮一级级爬上梯子走向高台之前，小姑娘就毫不怀疑自己能够漂亮地完成跳水动作，她的小脑瓜里一直在想象着自己爬上梯子，完美一跳，然后带着胜利的微笑冲出水面。

正如我们所见，自尊需要真实的自我感知，也就是说一个人需要经常地进行自我反思，并且能够明白解决困难会让自己获得良好的自我感受；他要知道自己得采取有效的策略来获得成功，要明白将自己的精力集中在对自己重要的事情上。当然，孩子们不会独自完成这些事情。在每一个阶段，爸爸妈妈，当然还有其他的成年人都会与孩子们奋斗在同一个战壕，引导他们去尝试新事物，向孩子们保证他们真的可以再前进一小步，或是，当孩子们很快就想放弃的时候，给他们一些劝诫，而当孩子们用合适的方式、自己的独特方式很好地完成任务时，再给他们一些表扬。

当一个人慢慢长大时，他从前做的那些堆沙土城堡的工作开始转变为其他的工作，诸如喂养家中的小狗，或是摆放早餐桌，然后会是那些能够改变他命运的工作，比如说努力获取奖学金，完成大学论文，找到第一份工作，或者是决定组建自己的家庭。

在孩子的每一个人生阶段里，爸爸妈妈都在扮演着不同的角色，他们会跟蹒跚学步的宝宝一块儿跪在海滩上玩耍，递给宝宝一个小水桶；他们会不那么温柔地提醒 10 岁的孩子给小狗的水碗添水；他们还会耐心地倾听孩子的论文答辩或是跟孩子一起模拟一场求职面试。甚至当我们的孩子已经长大成人——事实上，即使我们已经不在了——我们也仍然和他们在一起，用我们的态度、关心和爱去激发他们、鼓励他们、安慰他们。

我们的存在是孩子自尊心养成的关键。当然这需要我们智慧地掌握什么时机，我们要加入其中给予孩子什么样的帮助，而什么时候我们只要站在一旁，给予鼓励和喝彩就好。

孩子的自我感知——他们了解自我并作出反应的能力——能让他们

确定哪些关系会对他们有所帮助，哪些领域的学习能带给他们骄傲和快乐，哪种类型的工作和娱乐活动能让他们感到满意。最终，孩子会形成自己的核心价值观和人生目标，然后会采用合适的策略去实现它们。当孩子开始学着将价值观内化，明白自己在为什么而奋斗，能够有意识地为获得进步而训练自己的某些技能时，自尊与自我感知便会相互作用、相得益彰了。

心灵悄悄话

自尊不是轻人，自信不是自满，独立不是孤立。人类有许多高尚的品格，但有一种高尚的品格是人性的顶峰，这就是个人的自尊心。

第一篇　真正的自尊

自尊的力量

自尊心越强的人越具有执着的理念。这样的人会把简单的事复杂化，使他能够从重重假设中，圈定他所认可的事物，以保持自己的名誉。

自尊容易走向的误区是孤傲，孤傲一旦在自尊心里确立，自尊就会变得孤立无援。

自尊使人敏感，如果由敏感而变得小心谨慎，自尊反而会使我们裹足不前。

自尊使那些轻佻的人蒙受羞辱。

对那些善于伪装的人，自尊只是一层虚伪的面纱；而对那些心底坦荡的人，自尊便是站立在他们身后圣洁的影子。

自尊是在不断的学习中日益完善的。所以，学习自尊比运用自尊更为重要。

自尊是很好的驱动器，人们为尊严不懈地奋斗，以赢得理想的地位。

自尊是清醒剂，它使我们的行为更加理智。

自尊使我们的品行变得高雅，使我们在世俗的生活里树立起良好的形象。

我们懂得热爱自己，才会有自尊的意识；自尊是一种艺术，它使我们的形态变得高雅、富有气质。

学会维护自尊，学会在自尊的意识中，找到我们做人的准则。自尊在提升我们的人格，在提炼我们的智慧。就像自然界的花木，知道自己该在什么季节开花、结果一样。自尊首先应该有一个自我衡量的尺度，然后以尺度的标准去做应该做的事。

自尊是一个审视自我的过程。在某种情况下，它是带有自我保护色彩的。自我圈子形成的尊严，它是一层脸面，它涵盖着双重意义的内容。一是内心虚弱和渴望，但碍于面子，只好将欲望包裹在尊严里；二是品质修养非常精到，他举止毫无造作，尊严是自然色的。无论怎样，自尊是一种控制自我欲望膨胀的镇静元素，是有益于我们身心健康的。

失去自尊的人，会变得狂妄。连自己都不尊重自己的人，就无法谈起对别人的尊重。自尊是自我的调控器，它在平衡我们的心态、情绪和精神。自尊修正着荣誉，它让我们看见文明树立起人格的品位。

自尊的修炼是必需的。它有一个十分确切的目标，就是不断否定自我，更新思维形象，把银白的月光透过你的心影反映在现实的白墙上。我们读到了自尊的真实，感悟到自尊所展示独特肢体语言的魅力。

自尊是明智的、豁达的。过分的自尊容易束缚住我们的激情，性格会变得孤僻，是需要修正的。过分的自尊让我们变得孤傲或过度谨慎。自尊不应该是禁锢身心的枷锁，它是流贯在我们血液里的优雅细胞，使我们的举止更加大方而美丽。

 心灵悄悄话

自尊有很强的自我保护意识，这种保护意识能够产生一种分辨能力，用以对付形形色色的诱惑。尊严靠自己维护，才能赢得别人的尊重。

自尊是学习的动力

自尊既不向别人卑躬屈膝，也不允许别人歧视、侮辱。只要不气馁，不灰心，不放弃，自己相信自己，自己尊重自己，就会感受自尊的快乐。

我在沂水一中任教时，有个男生，家在农村。他平时老实本分，高三的时候，成绩突然急剧下滑，情绪也很不对劲。我是班主任，一看这个情况，就跟他谈。他告诉我，他不想读书了。我就问他为什么？

男生说，他爸爸给他找了一个对象（当时像这样的情况，在农村非常普遍），对方也同意了，因为那个女孩觉得他在一中上学，将来肯定有出息。但后来那女孩经调查了解后，才知道他学习成绩并不好。女孩就不愿意了，就要求退婚。可是，他爸爸已经把彩礼都送给人家了。于是，这个男生情绪就非常低落，他感觉被人抛弃，被人瞧不起，自尊心很受伤害，就想退学回家，放弃学业，甚至还想到了报复。

我了解完事情以后，就跟这个男生讲，我说：你是不是一个男人？人家女孩一开始看得起你，是觉得你将来能考上大学，能有出息，她也能得到幸福。后来为什么不同意了？就是嫌你学习不好，估计你将来考不上大学。人家瞧不起你了，你就觉得不行了，还想到要报复，怎么报复？捅人家一刀？还是抱着炸药包同归于尽？那是光彩？你要真正是一个男子汉，能不能在关键时刻争口气，学个样儿给他们看看？要想让别人瞧得起你，你首先要瞧得起自己。别人瞧不起你了，你更要发奋，要奋斗，将来考一个好大学，把后悔留给她。

我把这学生说了一顿，后来又把他的家长叫来了。我说：你这个家长太糊涂了，你的孩子本来学习上有潜力，但现在他被这件事弄得无心学习，还想去报复人家，这孩子一旦产生了报复心态，就会畸形发展，这是很危险的。

这位家长听我这么说，也觉得很后怕，问我应该怎么办。我说希望咱们家长和老师要一起配合，鼓励孩子用功读书，争一口气。人活着不就是一口气嘛！

后来，这个学生醒悟过来了。在半年时间里，努力发奋，最后考上了一个中等专业学校。那是 20 世纪 80 年代初，在农村考个中专已经是凤毛麟角了。考上中专后，原先那个提出与他吹了的女孩，又来找他，希望重续前缘，但被这个男生婉言拒绝了。

人都是有自尊心的。一个人如果为了维护自尊，而做出正确的选择，他甚至可以创造超出想象的奇迹。

心灵悄悄话

唯有知耻，才有自尊。如果一个人对自己不恰当、不合适的行为不知道惭愧，不感到难为情，那就是不知羞耻，这样的人永远不会有自尊。

第二篇 >>>

自尊的需要

自尊自爱,作为一种力求完善的动力,是一切伟大事业的渊源。无论是别人在跟前还是自己独处的时候,都不要做哪怕有一点儿卑劣的事情:最要紧的是自尊。自尊心是一个人品德的基础。若失去了自尊心,一个人的品德就会瓦解。

心理学家一度认为大量的成功会提高自尊,而不断失败会削弱自尊。尽管人们习惯于把自尊看成一个单一的存在——整体自尊,但是我们的自尊还包括分隔开的或具有情景特殊性的多个方面,这些方面根据环境的不同而不同。

撑起你的自尊心

    一种对于自身价值的高度个人评价——受到青少年时期另一种需要的影响，即被那些他们尊重其善良意见的人们所尊重的需要，尽管这两种需要并非必然吻合。马斯洛的报告说，除了一些病态的人之外，所有人都具有对"坚定的、根基牢固的、通常较高的自我评价的需要，对自重或自尊的需要，以及对尊重别人"的需要。他将这种需要划分为两类：第一类，"对力量、成就、胜任、掌控和能力、自信面对世界、独立和自由等的渴望"；第二类，"对名誉或声望（将之定义为来自他人的尊敬或敬重）、地位、统治、认可、关注、重要性或赞赏的渴望"。正如在伍德罗·威尔逊的例子中所明显表现出的那样，这种需要可能早期起源于儿童对能否得到父母的喜爱及尊重的不安全感。根据亚历山大·乔治和朱丽叶·乔治的分析，威尔逊儿童时期感到害怕，因为他面貌丑陋而且愚笨——至少他父亲这么看他——如此一来导致了他后来对关爱和权力难以满足的需要；主要而直接的后果很明显是他希望通过得到来自他人的尊重从而支撑起自己的自尊心。自尊需要的更深层次的来源，是自我层次与渴望成就的层次之间的差距；威廉·詹姆斯将自尊定义为以成功为分子，以自负为分母的分式。在马斯洛的公式中，当"较低层的"安全需要和情感需要得到满足后，自尊需要就开始发挥作用。

    对自尊的支撑，经历了一个连续不断的挑战和强化的过程。这主要依赖于小学生们对于他们将享受的尊重的期待程度——在儿童时期和青春期的早期，这种期待在不断扩展的家庭和学校生活环境中形成。罗伯

第二篇　自尊的需要

特·莱恩说："对自我不满意，对自我在世人眼中的地位不满意的人，也会对用此种眼光看待他的世界不满……"实验表明，自尊会伴随着成功而增强，又会随着失败而至少暂时性地减弱。期待和实现（或没实现）互相扶持，导致改变了对未来的期望。年轻一代对成就的评价也是一个因素；沃尔特·米歇尔指出："太渴望成功的人和太急于避免失败的人对失败经历的反应，较之于那些不那么力争成功的人而言，可能有很大不同。"自尊似乎和父母的自尊有着必然的联系。而且它与能力感、功效感以及对学校老师抱有的期望和回应也呈现正相关。一个小孩所在的学校是否会设法克服可能影响到孩子的学习和行为的精神方面的一些问题？一方面，学校千方百计以系统的方式去调查和纠正学困生的表现，一些传统的学校设有严格的目标，另一些"可选择"的公立学校则为学生们提供了学业的各种选择可能。另一方面，学校假定低成就和社会不平等之间存在必然联系，从而限制大量青年人入学，或者巩固和强化在学校内部现存的社会和经济上的不平等。自尊或缺乏自尊，影响着孩子所扮演或终止扮演的角色。

使自尊程度低、对领导的影响根本难以说清的一个突出案例，就是那个有意识地致力于领导的学习和实践的人的一生的托马斯·伍德罗·威尔逊（1856—1924）。传记心理分析学家们已经令人信服地证明了，威尔逊的自尊在其青年时代受到了严重的创伤，以至于他一生都在不断强烈地寻求精神上的认可和家庭及朋友的个人忠诚。亚历山大·乔治和朱丽叶·乔治对这种不适当的"强压感受"做出了总结："他在孩提时代就觉得自己不重要吗？那么只要他自己或其他任何人能够做任何事情使他相信他具有成就伟大事业的独一无二的能力——或许甚至是某些可以流芳百世的事业——就会是一种极大的安慰。他的父亲曾奚落过他的思维能力，这使他感到自己很普通了吗？"

只要他自己或其他任何人做任何事情能够有助于使他感到在处理那些他选择实施领导的事情上，他具有高超的能力和一贯正确的判断力，就会使他得到舒缓——虽然只是暂时性的。成长在一种严厉的加尔文主义的氛围中，他就要受到该教对整个人类的不道德本性以及对他个人的不道德本性的批判吗？因而他就必须总是要使自己相信，他拥有高尚的美德。当他还是一个小孩时，他是否就已经感到在与专横的成年人交往时产生的那种孤立无援和脆弱感？因而，作为一个人，他就必须把他的意志强加于他人并且永不允许自己屈服于他人。

心灵悄悄话

自尊的人不图虚荣，拒绝沾染不良习气。为了维护自尊，可以舍弃许多东西，但绝不可丧失人格，做有损人格的事。一个人开朗、豁达，就会感受到自尊的快乐。

第二篇　自尊的需要

男人具有强烈的自尊

根据一个家庭内部的传说，一天早晨，年轻的托马斯·伍德罗·威尔逊在出席一个喜宴时迟到了。他的父亲在向宾客们致歉时竟然精心编造说，小托马斯是因为发现自己又长出了一根胡子而兴奋不已，因而耽误了着装，这才来晚了。他的一位堂兄回忆说，此时，一片痛苦的红晕掠过他的脸颊。但他从来没有公开反对过他的父亲；那很可能是一种毫无希望的对抗。他的父亲被他的教徒们称为"博士"，他是一个高大英俊的男人，一脸威严。

在社区中，他是一个主宰者；在家庭中，他是一个专制君主；在讲坛上，他可以滔滔不绝地传经布道；而在他的牧师住宅里，他又成了一个言辞刻薄的人。而他的这个儿子——至少在这个男孩自己的眼里——是丑陋、愚钝和毫无价值的。

尽管这位博士竭尽全力在家里教育小托马斯，在教堂里鼓励他，但这个男孩直到9岁才学习写字母，直到10岁才上学，到了11岁才能够顺利阅读。后来，他曾迫使他儿子三次、四次、五次地重写他的作文，直到完美无缺。但是小托马斯，像甘地早年那样，既不擅长于学习，又不擅长于体育。他仅仅勉强获得进入戴维森学院学习的机会，但是由于某种身体上或情感上的疾患，不到一年他就离开了这所大学，这导致在此之后的15个月中，他一边在家休养，一边大量地阅读书籍。这是他身体上第一次出现大问题。此后每隔几年，这种状况就会以不同的形式折磨他一次，直到1919年达到极度衰竭。

我们并不确切地知道在这栋平静的牧师住宅内曾发生过什么。毋庸置疑的是，博士为他儿子愚蠢的表现感到沮丧不已。或许，在他看来，这个男孩似乎是争夺母亲宠爱的对手。我们只能猜测。但是，似乎的确很明显，小托马斯似乎是一件物体，被推入和压进一个预先设定好的模具中，当这个物体拒绝去适应这个模具的时候，他就成了父亲很难掩饰的敌意针对的目标。博士的意思是很清楚的，"只要按照我的标准来做，我就保证让你通过"——这样的一种信息抑制了内在自尊的发展。

小托马斯对他的父亲怀有不同的情感，既爱又恨，既畏惧又尊崇。博士有的时候会很严厉而又苛刻；有的时候他也会很有趣、快乐，让人感到亲切。

后来，他的这个儿子谈到了自己对他父亲的强烈的爱和微妙的忠诚；他不但抑制住了对他父亲明显的敌意，而且他把这种敌意转化成为一种不同寻常的对父亲的关爱，直到其生命的尽头。他深爱他的母亲，一位退休在家的妇女；他还和他的姐姐们保持着联系，他们可能对威尔逊在后来的岁月中与中年女性之间形成的热情洋溢的文学友谊起到了桥梁的作用。

但是精神上的伤痕是深刻而持久的。对受到伤害的自尊进行补偿的需要，成为后来威尔逊的道德说教、以救世主自居的教条主义以及寻求个人权力的根源。在普林斯顿，威尔逊和他的朋友及支持者绝交；在新泽西州，他与民主党领导人断绝关系；他与自己政府内部的助手及官员之间，存在着爱恨交织的关系；而且最重要的是，他在国际联盟问题上，表现出"不屈不挠的"立场——所有这些和其他的紧张态势以及激烈爆发，都可视为源于针对他父亲和后来的其他权威人物的被压抑的敌对情绪所导致的僵化和教条主义的行为模式的组成部分。这种模式成为许多与威尔逊同时代的人反对的目标；这些人不仅包括劳埃德·乔治和克里蒙梭（他说威尔逊谈吐像基督耶稣，但行为却像劳埃德·乔治），而且包括西格蒙德·弗洛伊德，他也感觉威尔逊像上帝；还有约翰·梅纳德·凯恩斯，他在凡尔赛将其概括为一个装模作样，只会布道

且容易被狡猾的人所蒙骗的堂吉诃德；最后是威廉·艾伦·怀特，他呼吁人们通过重击来释放威尔逊潜意识中的"令其痛苦的愤怒"。

当然，还存在着"另一个威尔逊"，这个男人具有强烈的自尊，对其他的人，不管是个人还是集体，都抱有真切的关爱。这就是那个在普林斯顿作为一个学生在智力上和情感上实现着自己的威尔逊；他在这里从事着出色的教学和写作工作，并由于成绩显著而被六所大学聘为校长，最后他接受了任命，成为普林斯顿大学的校长；他给他母校注入了新的目标和刺激因素，同时也留下了改革的持久烙印；他在新泽西州以策略制胜党首，从而得以推行他的改革计划；在 1912 年，他领导他的少数党取得全国性的胜利，在 1916 年他又重演了这一幕；他在华盛顿亲自掌控立法项目的通过，稳步结成被认为是不可能达成的联盟，正面进攻或侧翼包抄对手，充分地履行他对选民的承诺；他以高度灵活的战略，从 1912 年开始，使民主党从乡野的、个人主义的和保守的组织，变成 1916 年的更加自由主义的、集体主义的和具有都市精神的政党；当他想要说服人们时，他经常展现一种能够激发人们的超凡的能力；任何一届总统都没有能够像他那样，带给白宫一个明确而又深思熟虑的政治领导概念；他不但是社会力量的疏导者和催化剂，而且是一位富有创造性的领导者，他在教育政策、政府工作、政党和立法导向以及为成立一个新的国际组织而付出的努力等方面，都翻新改造了他的政治世界。

众所周知，1919—1920 年，威尔逊在成立国际联盟问题上毫不妥协的态度，奠定了他在人们心目中顽固而独断的个人形象。在此，历史又一次开起了玩笑：这位甚至在 20 世纪 40 年代被好莱坞拍成电影的有原则的英雄人物，却在 20 世纪 50 年代变成气量狭小而又刚愎自用的人物；到了 20 世纪 60 年代，他又变成公司资本主义的帝国主义代言人（将来的定论可能会再次改变这个形象）。人们可能会感到，无论他有什么失误，如何缺乏灵活性，威尔逊的确也对他的对手做出了让步——尤其是对以威廉·霍华德·塔夫脱为代表的国际主义共和党人——但是，他始终没有能够赢得亨利·凯伯特·洛奇这位在国会的权力体系中掌握实权的保守的共和党领导人的支持。通过对那个贪得无厌的对手的一再妥协，他可能错失了这个他原本要在 1919 年的全国巡回演讲和 1920 年的大选中提交给美国人民的议题。错失只是短期的，他本来可以挽救这项在将来人民可能会支持的事业，而不是放弃这个至关重要的集体安全原则，因此他错失的不仅是国联，而且错失了这个议题。

威尔逊对这一议题的处理，不能脱离 1919—1920 年间短期的国会和选举的状况，当然也不能脱离 20 世纪 20 年代和 30 年代的长期战略，当时，有关"殉道总统"的可怕预言将会变成现实；随着希特勒的征服行动，一种新的国际主义将会产生，这也将为美国参加一个新的世界组织奠定基础。

然而，问题仍然存在：为什么这个专横的政治家竟然如此一败涂地，没有能够实现他所珍视的直接目标——让美国成为国际联盟中的一员。在分析这一谜团时，回忆一下下列内容可能是有所助益的，尽管自尊程度低会让一些潜在的领导者丧失领导能力，它也可以驱动其他潜在的领导者去追求名望和荣耀，以便克服他人对自己存在价值的怀疑。威尔逊似乎始终就是这种情况。

乔治夫妇认为，"他需要他的朋友来证实他对自己的伟大命运及人生价值的信仰——这种信仰如此容易被外部的攻击所动摇，只是因为他的内心深处曾遭受过残酷的折磨。他需要他们颂扬他的大公无私的理想主义，特别是当他的诋毁者粗暴地剥除他精心装饰的合理化伪装时，尤其需要其他人的称颂。"在挑战像洛奇这样的反对派时，他可能始终表现出了一种征服对手的需要，而这是为了证明他作为一个领导者具有的杰出才能。

罗伯特·图克尔注意到，他一旦获得一种特定的领导角色，"就立刻利用这种领导角色来支持或者推行新的想法、对新政策的尝试和新的计划，如果取得成功，那么所有这些将为他带来更大的荣耀，很可能会为他开辟通往更高的领导地位的路径，同时带给他为取得进一步的领导成功的更大机遇"。这样一种对领导的理解的确颇有见地。

自尊

　　威尔逊自己可能会说，他的确最终证明了他的领导能力。25 年之后，其他人对此的回答是，世界无法承受得起这种耽搁。最起码来说，威尔逊的一生向研究领导的学者们证明了，我们要想解开一个伟人沉浮的秘密，就不仅仅要分析在他的童年时期所受到的各种心理影响和社会影响，还要分析在他的中年和晚年的生活中所遭遇和产生的各种政治力量。

　　过度的自尊，则使我们越发敏感，作茧自缚，最终体验不到生活的乐趣。对恶意的侮辱与诋毁，则要及时予以回击，必要时运用法律武器捍卫自尊。人应尊敬他自己，并应自视能配得上最高尚的东西。

自尊存在于你的内心

　　自我概念最重要的方面之一是我们的自尊——我们对自己的评价，以及由此获得的自我概念相关的价值感。咨询受到很多因素的影响，包括与父母相关的童年形成的经历，我们自己的标准（或理想自我），以及我们的一般文化。例如，像珊德拉这样自尊心很强的人通常在这样的父母身边长大——接受他们，表达很多感情，并设置严格但合理的规矩，这些都将促进积极自我形象的形成。而低自尊的人，他们的父母一般采用过分严厉、过分纵容或前后不一致的养育方式。

　　我们的自尊也受到成功和失败的影响。心理学家一度认为大量的成功会提高自尊，而不断失败会削弱自尊。例如，人们曾经认为表扬孩子的成功或成就会使孩子认为自己很聪明，从而给予他们更多自信。但是，最近的重要研究表明这种看法不尽正确。表扬孩子的努力而不是智力，会使孩子渴望更多挑战。总想着自己聪明的孩子害怕冒险，并可能产生适应不良的成就模式。此外，某个成就的影响常常取决于参照群体比较的过程或者被自己的群体拒绝的担心。

　　尽管人们习惯于把自尊看成一个单一的存在——整体自尊，但是我们的自尊还包括分隔开的或具有情景特殊性的多个方面，这些方面根据环境的不同而不同。例如，珊德拉的另一个朋友马克在网球方面充满自信，但是对英语作文的写作缺乏信心。珊德拉还有一个朋友叫玛利亚，他对自己的学业很有自信，但是对每个科目的信心也不尽相同。此外，玛利亚对自己的体重不自信。所以，我们整体的自信比通常所描述的要复杂，而且会根据经历发生变化。

第二篇　自尊的需要

自 尊

　　自尊强有力地影响着人们的期望、行为以及对自己和他人的评价。高自尊的人愿意检验他们对自己的推断的有效性。因为自我认可程度很高（肯定自己的整体价值），他们往往倾向于接受其他人，甚至包括那些和他们意见相左的人，并且一般具有令人满意的人际关系。同时，高自尊的人期望把事情做好，他们会努力尝试，很可能在事业上取得成功。他们倾向于把成功归因于自己的能力，而适当地把失败归咎于环境因素。因此，高自尊的人有很强的自信心，并且对自己的优缺点也有很明显的评价。

　　幸运的是，自尊不是天生的。确切地说，不论你的起点有多低，自尊是一个可以改善的习得性的特征。由于自尊存在于你的内心，所以最终只有你能够改变它。然而，只有你认识并接受自己，包括瑕疵和所有一切，你才可能开始成长，这是个体改变的矛盾之一。然后，你还要确定你用来评价自己的标准和期望，即你的理想自我是合理的。完美主义者经常用不切实际的标准来评估自己，这会不断削弱他们的自尊。最后，尽管其他人的反应将会通过反馈和社会比较影响你的自尊，但是你才是自己的自我价值的最终评判者。古代哲学家塞内卡说："你对自己的看法比别人对你的看法重要得多。"

　　很明显，大多数人都有适度高的整体自尊。他们通常对自己十分满意，并且对自己做出比意想中更为正面一点的推断。这时，人们就会受到焦虑和自我怀疑的困扰。

自尊是一个人必须具备的操守

自尊，自胜，自强，是一个循序渐进的过程。自尊是前提，自胜是关键，自强是目的。要达到自强，首先要做到自尊，有自尊才有自胜。老子曾说："胜人者有力，自胜者强。"意思是说，能够战胜别人的只能叫作有力，而能够战胜自己的人才算强者。有的人能够战胜自己，有的人却不能战胜自己；有的人能够在一时一事战胜自己，却不能时时处处战胜自己，关键就是自尊的定力不大、耐力不持久。

自尊是无畏的气概，是一个人必须具备的操守。它提供给生命的不只是一种依托，一种凭借，一种支撑，而是永远的充实，永远的能量，永远的精神动力。只有做到了自尊，才能涌起自胜的冲动，才能产生冲天的豪气，才能激起无穷的力量，变被动为主动，化腐朽为神奇。司马迁受宫刑而作《史记》，孙膑刖足而血凝兵书，吴运铎身残志坚把一切献给党，张海迪高位截瘫自强不息成为时代的巨人……自尊就是人生杠杆上不可缺少的支点，自尊也是胜利道路上永不熄灭的圣火，它可以坚守自己的意见和独立的人格，有着明确的奋斗目标和人生走向。钱学森为何 5 年归国路，10 年两弹成，成为中华民族知识分子的典范？闵恩泽何以燃烧自己照亮新能源产生，为中国制造催化剂？方永刚为什么不忘自己的使命，在信仰的战场上，保持冲锋的姿态？孟祥斌又是如何在这个价值观容易迷失的社会里，用一次辉煌的陨落，换回另一个生命的再生？所有的答案都只有两个字：自尊！

如果说自尊是一面鲜明的旗帜，独树一帜在人类精神和灵魂的制高点上永远飘扬的话，那么，自胜就是一面出征的战鼓，始终擂响在人生

自 尊

——我自横刀向天笑

的每一次征程里，激人奋进，催人前行。因为战胜自己既是一种素质，也是一种能力；既是一种修养，也是一种境界；既是一种风范，也是一种情操；既是一场战斗，也是一次战役。战胜自己，就能开拓创新，勇往直前，就能在纷繁复杂的境地里伸展自如，就能在波浪起伏的征程中规范人生轨迹，就能在物欲横流的社会里把握自己的命运。一句话，战胜自己就能获得幸福和成功。

当前，面对诱惑和考验，党员干部不自尊、不自胜的现象比较普遍。有的不思进取，热衷于迎来送往、灯红酒绿，个别的为升官敛财是非不清、荣辱不分、美丑不辨，甚至想尽千方百计，不择手段；有的静不下心、守不住神，心浮气躁、随波逐流，失去了人生奋斗的目标；有的不能正确对待自己，不能客观对待他人，考虑个人问题较多，思想不稳定，精力不集中，工作动力不足，丢掉了党员干部的本色；还有的不讲科学讲迷信，不信马列信邪教，追求腐朽的生活方式和低级庸俗的思想文化，最终进了监狱，上了断头台。这些都令人痛心，发人深思。因此，我们一定要痛定思痛，认真反省，加强理论学习，纯洁思想道德，强化制度约束，自重、自省、自警、自励，自觉做到用正确的战胜错误的，用崇高的战胜卑劣的，用纯洁的赶走肮脏的，抵制"本我"，战胜"自我"，实现"超我"，成为一个真正的强者。

一个人可以没有荣誉和鲜花，但不能没有自尊。不管别人是否尊重你，你自己首先要尊重自己。因为自尊是一个人的脊梁，是一个人生命最根本的体现。

呵护孩子的自尊心

教师的工作就其本身的性质来说，就是不断地关心学生的生活和成长，所以我们任何时候都不要忘记，我们面对的是活生生的人，是特别容易受伤的孩子，他们的心灵是极其脆弱的。

教育不是简单地把教师的思想直接灌输给学生，教学也不是把知识从教师的头脑送到另一个头脑的传输过程，而是师生之间的一个和谐的互动的过程，是心与心的接触与交流。

刚刚踏入学校的儿童宛如一朵含苞欲放的花骨朵儿，要使这朵花儿能绽放并且结果，就得园丁付出心血和劳动。孩子入学后，随着学习任务的增加，就会有一些不愉快降临在孩子的头上，比如有时候作业没有完成，有时候迟到了，有时候上课开小差，考试成绩不理想，等等，这些可能都会遭到老师的批评，因此他们就会感到伤心、失望、痛苦，情绪也就不是很好。

上周我们班进行了一次数学单元测验，有个学生没有发挥正常水平，只得了56分，等级成为"差"。我们每次考试完了试卷都要求交给家长看而且要求签字，可想而知他是不愿意将这样的成绩告诉家长的。发完试卷的那天，他在办公室门口转了好几圈，但是没有进来。后来我还是把他叫到办公室，问他是否有问题，沉默了一会儿，他终于开口了，原来是因为数学考试分数太少，他不敢将试卷拿回家，要我帮他一个忙。

我问他：怎么帮？

学生：老师，我这次没有考好，主要是因为我没有用心做，题目没有看清楚，所以后面的应用题理解错了，失去很多分。下次我一定认真读题。老师这次您能不能先给我借4分，下次我加倍地还给您好吗？

我说：借分数？我没有听错吧。

学生：是的，老师，我要借4分。

这个小精灵，想出这样的招，居然借分数！我在心里想，也不知道是从哪里学来的。

我说：嗯，让我想想吧。我摸摸他的头。

他好像看到了一丝希望，脸上的肌肉都放松了许多。

学生：老师，行不行呢？见我没有表态，他又追问了一句。

我说：孩子，你再想想吧，下次可是要加倍还的，也就是说下次你要扣除8分的，你能保证你下次一定会考好吗？

学生：我知道，我一定会努力。

我说：好吧，如果你能做到，老师愿意帮你这一次，而且老师相信你下次一定能做到的。

我拿过他的试卷，看看卷面还算整洁，就给他加了4分卷容分，刚好60分。

他接过试卷，如释重负地叹了口气，脸上终于露出了笑容，然后说了声"谢谢老师"，就飞似的跑出去了。

望着他的背影，我陷入了沉思，也不知道我这次到底做得对不对，但是我不想伤害孩子的自尊心，我也不是冷酷无情的人，我不希望这几分让孩子为难，甚至招来父母亲的责骂或是一顿打。

我只是想，孩子对我是充分信任的，而且他有上进心，知道自己错了，还知道要努力学习，我认为就是一种好的现象。

孩子们如果对我们信任，我就很高兴。我不想摧残这朵信任的花朵。我们要爱护孩子们对我们的信任，要站在孩子的立场想问题，要关心他们的利益和幸福感，关心他们的精神生活。苏联教育理论专家苏霍姆林斯基说过一个极其简单而有极其复杂的教育秘诀，他说这个秘诀对于热爱学生的教师来说是很容易掌握的，而对于铁石心肠的教师是根本无法理解的，那就是：只有教师关心学生的人格尊严，才能使学生通过学习而受到教育。

在学习中，孩子可能不会读课文，不会写你字，解答不出应用题，画不出老师要求的风景画，这本来都是一件痛苦的事情，这时候如果老师不理解学生，反而给他加压力，甚至鄙视他们，把他们的种种劣行公之于众，或者告诉他们的父母，这样做只会增加他们的痛苦，让他们对自己失去信心，也可能更加厌倦这一门课程，成绩也会随着下降，老师又会责怪他，周而复始，将成为恶性循环，最终导致孩子彻底失去学习的兴趣。

我就有过这样的体验：几年前我在函授学习本科的时候，因为我的基础太差，我听不懂英语课，当时我真的有放弃考试的想法，后来还是老公给我打气，才勉强过关的。我想我当时的心情大概和孩子们差不多吧。所以孩子们的心情我懂，那种痛苦我也理解。很多时候，我喜欢和孩子们站在一起思考，和他们一起分析，帮他们解除苦恼。这样一来他们以后在学习中、生活中遇到事情都不会骗我；我也尽力帮助他们解决，而且我会找各种理由给予他们一种自豪感和尊严感。

在教学中，教师要善于发现孩子们的闪光点，给予表扬；时刻关注孩子，能及时帮助孩子们看到自己的进步，这样孩子会越来越有信心，学习也就会慢慢地好起来的。

心灵悄悄话

教育就是要让学生在学习中体验到成功的喜悦，觉得自己很不错，脸上也有光彩，这样他们才有学习的兴趣，才会充满活力、充满激情和不断进取。

自信是矛，自尊是盾

　　人的智力或许相差无几，但因为先天或后天的原因，人的精神面貌表现得千差万别。他们只要是在辛勤地工作，无私地奉献，踏实地生活，就应该得到肯定，值得尊重。

　　无论任何时候，我们都要自信地生活着。赵本山并不是一个很英俊、潇洒的男人，可是他在舞台上精彩的表演总是让人百看不厌，笑声不断，引人深思。他说自己就是从农村的一个普通百姓一步步走向春晚的舞台的。他用自己的自信活出了一位农村人的风采。几句话描绘不出人生艰难跋涉的艰辛，甘苦只有自己知道，眼泪、迷茫和困顿只能隐藏在无人的角落，人们看到的只是你获得成绩时光鲜亮丽的一面。如果没有自信的性格驱使着人前进，就永远不会有成功的鲜花和掌声，就永远不会描画出人生的辉煌与灿烂。感动人的不是华丽的词语和高超的叙述手段，而是人间最朴素、善良的真情。在春节晚会上得特等奖的是几位老演员，他们朗诵的一句诗给我留下了很深刻的印象：再大的风雪也挡不住春天来临的脚步！是的，全国人民牵挂着受灾地区的人们，送去关怀和问候，解放军战士也展现了保家卫国的职责，这是一个民族的自信，人定胜天的自信。只有自信的民族，才有希望。

　　我喜欢"自尊"这两个字。只有自己尊重自己，才能得到别人的尊重。如果自己丧失了人格，放纵自己，别人还会对你有什么欣赏和尊重呢？我很喜欢夏洛蒂·伯朗特写的《简·爱》这本书。书里的主人公简·爱就是一个视自尊为生命的人。她在艰苦的生活条件下学习知识，顽强生存，为自己找到一份家庭教师的工作，并找到了自己深爱的男人——罗切斯特，得到了真正的爱情。可是当她得知他有一个疯了的妻子后，还是忍痛离开了他，离开了富有的他，离开近在咫尺的爱情。这是对他的尊重，也是对她自己的尊重，是对自尊人格最好的解释：自尊是容不得侮辱的，是最圣洁的灵魂。当罗切斯特一无所有、近乎失明的时候，她又毅然回到了他的身边，走向自己的爱情。只有自尊，才会自爱，才能自强，才会拥有平凡而伟大的感情。

是的，我认为，自信是矛，刺穿了我们的虚伪和懦弱，照亮着我们前行的路，指引我们前进；自尊是盾，维护着最纯洁、最善良的本性。只有自尊，才会自爱；只有自信，才能自强。所以，怀着美好的渴望和梦想，尽管幼稚，我还是想写，我还是要写，将独一无二的"我"呈现在人们的面前，让人们品味，给人们留下思考，给人点滴不同的感受。让我们举起自信、自尊的旗帜，书写人生最美丽的篇章。

心灵悄悄话

谁自重，谁就会得到尊重。无论是谁，尊重他人都是自尊的需要，也是自我完善的需要。自尊的人懂得尊重他人，因为他知道要赢得他人的尊重，首先要尊重他人。

第二篇　自尊的需要

45

狗也有自尊

　　唐杰是一个公司的老总。老总都有脾气的，唐杰也不例外。公司里总有那么多的烦心事和让他看见就烦心的人。他又是一个没有耐心的人，一遇上烦心的人和烦心的事就把火发得旺旺的，对那些下属劈头盖脸就一通训斥。那些下属每每看见唐总人影远远飘来，就手脚并用地忙碌开来，生怕自己撞到枪口上，被打得狗血喷头。

　　唐杰在单位发了一通脾气，正心情不好地回到家里，小黑过来，用嘴像往常一样亲热地来腻歪他。唐杰没有好心情，懒得理这条狗，可小黑却不知趣，等主人刚坐在沙发上，就跳到主人怀里。

　　"你烦不烦啊！"

　　唐杰不耐烦地冲狗嚷，并生气地一把将小黑从自己怀里推到地板上。

　　小黑被主人推到地板上，并没有发火，而是嬉皮笑脸地蹭到主人脚跟前，用鼻子拱唐杰的裤边。小黑经常这样做，特别是有客人来的时候，唐杰就会很自豪地让客人看小黑拱自己的裤边，或者让小黑在自己身上乱捣蛋。客人常用美慕的眼神看唐杰，连说唐总贵人自有贵人福啊，养只狗都是这样的讨人喜爱。

　　可今天主人心情不高兴，小黑想讨得主人高兴，就没有计较主人的粗暴动作，在主人脚下转圈咬自己的尾巴。

　　"你怎么这么贱？"

　　主人这个火山终于爆发了，把地板吼得"咚咚"响。

　　小黑好心讨了个没趣，就灰溜溜地夹着尾巴回到阳台上去了，蜷缩

46

在阳台角。

晚上吃饭的时候，唐杰妻子把狗食放在小黑面前，小黑没有吃，一家人也没在意。晚上睡觉的时候小黑没有像往常一样钻到主人的被窝，仍旧在阳台角上趴着。

第二天，一家人很忙，晚上唐总回家一看小黑没吃东西，就那么缩在阳台，开车到农贸市场的狗食店给小黑买了好多好吃的，拿回来给小黑。小黑拿眼看都不看，就那样缩着。唐杰一摸小黑，吓了一跳，小黑浑身烫烫地在发烧。

唐杰也没有心情吃饭，把小黑抱着下楼，然后把小黑放在副驾驶座上，到宠物医院让医生给小黑瞧病。医生把小黑放在狗床上翻来覆去地检查一遍，给小黑开了一些药，还在小黑屁股上打了一针。

回到家里的时候，都是凌晨了，唐杰把小黑放在被窝里，小黑没精打采地一动不动，主人把它放成什么样子，它就摆成什么样子。

看来小黑病得不轻，已经几天未吃东西了，这下把唐杰急坏了，抱着小黑在几个宠物医院看了几次，小黑身体每况愈下，没有一点起色。

小黑已经奄奄一息了，唐杰很伤心，坐在沙发上看着小黑竟流了眼泪，看来小黑真没有希望了。

眼看小黑快死了，唐杰没办法，也对小黑不抱希望了，去火葬场给小黑买了一个精致的骨灰盒，本来宠物超市有狗骨灰盒，但唐杰觉得都不大气和精致，狗骨灰盒都太小了，让小黑躺进去一定不舒服。这样想着，唐杰就专程驱车几十公里在人的火葬场给小黑买了一个人的骨灰盒。

唐杰在返回途中，无意间看见路边一个宠物医院旁边还挂着一个宠物心理咨询中心的牌子，就把车停下来，进去。大夫是个年轻的穿白大褂的男人，戴着一副金边的眼睛，看起来比医院里的给人瞧病的大夫都阔气。里边有两个女人怀里抱着一个自己的宠物，在等着看病。

唐杰直接开车回家，把快要死的小黑带上，到这个宠物心理咨询中心来，抱着最后的一丝希望把小黑递给戴金边眼镜的大夫瞧。并把小黑

这些天来的表现说了一下。

"它没有病啊，就是饿的。"大夫说。

"可它不吃东西啊。"唐杰答。

"你知道它怎么就成这个样子呢?"大夫问。

唐杰就把自己那天训斥小黑的经过说了。大夫听了唐杰说的经过，好像知道是怎么回事了，把小黑交给一个年轻漂亮的女护士，让它到里边给小黑打点滴。

"它有救吗?"唐杰问医生。

"它没有病啊。"医生说。

"那它怎么不吃不喝呀!"唐杰百思不解。

"你和狗是亲人，彼此之间有很深厚的感情，你把它一训斥，使它感情受到伤害，把狗的自尊伤了。"大夫娓娓道来。

啊! 唐杰这才恍然大悟，忙为自己的鲁莽行为感到十分的愧疚。

"那怎么才能救了它啊?"唐杰迫不及待地问医生。

"心病还要心药治，你给狗道个歉，安慰一下狗，狗的病就会好的。"

在回家的路上，唐杰看着没有好转的小黑，心事重重，一点精神也提不起来。

回到家里以后，小黑又缓慢地走到阳台上。唐杰一看没辙，就坐在阳台上给小黑道歉。

"对不起小黑，我不该对你那么凶，我为自己鲁莽的行为向你道歉，求得你的原谅。"

如此这般，说了一大摊，小黑看起来很虚弱，不动。唐杰又说了足足有一个小时的样子，小黑终于抬头看了主人一眼。

"你原谅我啦?"唐杰看见小黑动了一下，不由得兴奋起来，不由得就伸手去要抱小黑。小黑不买账，一扭身子从唐杰手里跑到墙角去了。

唐杰拿来纸和笔，蹲在小黑的面前，一字一句地写起来保证书，保证自己以后不再欺负小黑，如果以后再欺负虐待小黑，愿五雷轰顶死无葬身之地。等唐杰把写好的保证书念给小黑听，小黑的眼睛就睁大了。

完了以后，唐杰毕恭毕敬地站好，给小黑点头诚恳道歉，歉还没有道完，小黑已经开始吃东西了。小黑的病就这样好了，又恢复了往日活泼的样子。

从这以后，唐杰在公司遇见烦心的事和烦心的人，常常气不打一处来。

"你们这些人咋就不长进？我养的狗都有自尊呢，你们怎么连条狗都不如？"

心灵悄悄话

一个人要敞开心扉，虚心学习，大胆尝试，不断超越，增强自身实力，做一个有尊严、有价值的人。自尊的人最看重自己的人格。所谓富贵不能淫，贫贱不能移，威武不能屈，说的就是这个道理。

第二篇　自尊的需要

无价的自尊

正如进化学理论所指出的，抑郁的易感性和亲近、可信赖的人建立亲密关系之间有着密切的联系。自尊水平（无能感、自卑感、无价值感或劣等感）属于易感因素。值得注意的是，我们的自尊很大程度上来源于能给我们带来价值感和成就感的社会角色，以及那些重视我们的朋友。

一些人认为，作为父母，照看孩子是其社会角色的全部内容。事实证明，这种观点并不正确。尽管我们爱自己的孩子，孩子也能给我们带来很多快乐，但是，我们无法将自己封闭在家里，仅与那些耗人精力，无片刻安静的孩子待在一起（坦白地说，他们会使我们精疲力竭）。孩子对我们的要求很多，但我们却无法向他们寻求支持，与他们分享个人情感。而且，孩子也不能提高我们的自尊水平，至少在这一点上不如成人。

事情会突然向我们袭来：我们发现对方有外遇；失业造成了经济紧张；孩子患了严重的疾病；我们遭受了严重的失败……那些看上去对未来会产生深远影响的事件，能使我们从悬崖边缘一步跌进抑郁的深渊。

如今，照料孩子尽管仍是人生中最重要、对情感要求最多的工作之一，但"家庭主妇"已不再被视为有地位的社会角色。

年轻人之所以会陷入抑郁，其原因是他们缺乏明确的社会角色及归属感。认识到自己能做什么，并因自己的作为受到尊重和欣赏，是获得自尊和社会地位最重要的保证。工作能为我们指明生活的方向，使我们对未来有所计划，还能提供给我们与他人接触的机会。如果没有工作，我们会感到自己不被社会所需要，没有明确的社会身份，没有生活目标，并且会感到孤独。

以凯丝为例。她想结婚，但一直没有遇到合适的人。她把全部的精力都投入护理工作中去；工作成为她生命的全部。在54岁那年，她患了严重的疾病，不得不提前退休，这使她非常痛苦。渐渐地，她陷入了抑郁状态，断绝了与朋友的联系，尤其是那些仍在工作的朋友。

许多来治疗的人都面临这样的问题：他们无法找到工作，或者无法找到家庭生活以外能提高其自身价值的角色。其原因有时是因为他们太紧张，有时是因为父母不允许，还有些时候是因为困难太大。另外，目前西方人的生活方式，已经丧失了进化形成的适应功能，这些非自然的生活方式，导致了问题的出现。适应性的家庭模式是近亲杂居式的，孩子们不是被困在小家庭中，而是有更大的活动空间，亲戚、朋友都能帮助照看。妇女们也不像现在这样被隔绝于团体之外。我认为，现代人抑郁发生率如此之高，与我们异常的生活模式不无关系。

对导致抑郁的社会因素进行研究，其目的是让大家明白，罹患抑郁症并不代表你是一个很糟糕或是很脆弱的人。也许是你的生活方式使你比别人更容易罹患抑郁症。一旦你放弃自我无能感、停止自责，你就会思考如何改变现状。值得注意的是，照顾孩子不一定会令你感到快乐。事实表明，孩子会减少夫妻生活的快乐。当然，这并不是说孩子不能带来乐趣，而是一旦孩子"离巢"后，你会更容易感到社会角色的丧失，从而陷入抑郁。

该理论认为，导致这一现象的原因是男女在生殖机能方面存在差异（某种激素水平的差异）。换句话说，女性的大脑与男性的大脑有所不同，这种差异提高了女性的患病率。近来，有研究表明，男性大脑与女性大脑在加工情感信息方面存在差异。然而，是否这种差异提高了女性的患病概率，目前尚不得而知。心理学理论认为，两性成长中"社会

第二篇　自尊的需要

化"方向的不同,是导致女性更容易患抑郁症的原因。女性更容易被培养成顺服、温柔、自信心和竞争意识较低的个性。因此,受性虐待的女性要远高于男性。其次,男女认识和应付消极事件的方式也大不相同(例如,面临人际问题时,女性更倾向于关注情感因素,产生自责),女人更关注自己的情感,更愿意暴露自己的悲伤和不幸,她们更需要亲密的关系,更喜欢思索自己的不幸(这可能是因为她们更孤独);相反,男人在遇到问题时,习惯于责备他人,并且不愿表达自己的情感(例如,"男儿有泪不轻弹",需要爱被认为是女人气的表现)。如果遇到情绪问题,他们更可能泡酒馆或向他人寻衅滋事。社会学理论认为,男女的这一区别,是社会条件和性别角色不同所造成的。女性在社会或家庭中,更易处于从属地位,常被限制于家庭中,服从男性的统治。如果女人减少自己与他人接触的机会,并且维持自己的从属地位的话,婚姻对女人是没有帮助的。

心灵悄悄话

一些社会心理学家发现:我们的自尊很大程度上取决于我们所扮演的社会角色,即我们做什么。这些社会角色赋予我们一定的社会阶层或地位。

第三篇 >>>

自尊是一种品格

自暴自弃，这是一条吞噬心灵的毒蛇。它吸走心灵的新鲜血液，并在其中注入厌世和绝望的毒汁。一个人如果能知耻，就格外珍惜自尊，就会主动维护他人的尊严。把尊重自己与尊重他人结合起来，就会养成高贵的气质。

如果一个人在内心深处，并没有对自己有着完全的肯定，那么，即使他还有快乐，也是没有自尊和自信的快乐。相反，作为青少年，如果你肯定自己，在任何情况下都不会对自己失去信心，就根本不会对自己不满意。

自尊与自信

对于一个自信的人，他会勇于面对自己，面对人生中的挑战，努力向自己定下的目标进取。追求自我实现，不仅可以带来个人的成功感，而且在其他方面也能得到全面的发展，使自己更受人欢迎。相反，对于一个没有自信的人，他会失去自我，不懂得尊重自己，逃避挑战，不敢面对失败的风险，怀疑自己的能力，使自己失去很多成功的机会。因此，青少年应努力培养自己的自信心，让自己在任何困难都能说："我能行！"

1. 驱除自卑感

自卑是一种过多地自我否定而产生的自惭形秽的情绪体验。自卑是因为长时间的不自我肯定、不尊重自己的人生价值产生的。比如说，你因为家庭条件不好而自卑，这是因为在你的头脑里有一个错误的认识，那就是你认为自己的家庭条件不好，会令人轻视。你应该给自己一个正确的认识：我家庭条件不好，学习条件恶劣，但是我相信，经过我的努力，我一定会学得更好，一定会改变自己的生活，我会赢得更大的尊重。这就是一个正确认识。要给引起自卑的事实一个正确的认识，这是消除自卑心理最好的方法。

2. 练习正视别人

一个人的眼神能够透露出许多有关他自身的很多信息。当一个人不敢正视你的时候，你的直觉会问你自己："他想要隐藏什么？他怕什么？他是不是做了什么不好的事？"正视别人等于告诉他：我很诚实，而且光明正大，毫不心虚。正视别人，不但能给自己带来信心，也能使

他人更加信任自己。

3. 挺起胸膛，让步态轻松稳健

步态的调整，可以改变你的自信状态。如果是那些遭受打击、受排斥的人，走路时都是懒懒散散、拖拖拉拉，完全没有自信感。拥有自信的人，则是胸背挺拔，走起路来稳健轻松，他的体态告诉别人："我真的认为自己很不错！"挺起胸膛走路，你的自信心一定会得到增长。

4. 学会欣赏自己，表扬自己

要培养自信，就要学会欣赏自己，表扬自己，把自己的优点、长处、成绩、满意的事情，统统找出来，在心中"炫耀"一番，反复刺激和暗示自己"我可以""我能行""我真行"，长时间地练习，你就能逐步摆脱"事事不如人，处处难为己"阴影的困扰，就会感到生命有活力，生活有盼头，觉得太阳每天都是新的，从而激发自己奋发向上的动力。

5. 练习大声讲话

大声讲话，是训练表达的自信，是建立完整自信的一个最好的途径。如果你有一些不自信，你不妨从现在开始就练习大声讲话。一定要敢于张嘴，敢于向别人大声地表达你的感受和你的观点，要记住，声音一定要大。

心灵悄悄话

自尊，可以增强你的自信；自信，可以使一个人从绝望看到希望、从暗淡走向光芒。作为一名新世纪的青少年，要学会在懂得自己的同时去激发自己的自信心，使自己不断地进步，从而创造生命的亮点，成就辉煌的人生。

宽容与自尊相伴

一项心理学研究表明，中学时期的青少年自尊心特别强，心理比较脆弱，尤其在大众场合受到老师的批评，心理上往往更难以接受。这说明了一个问题：这个时期，在宽容中学会自尊是很重要的。

宽容与自尊相伴，犹如日月凌空，不可或缺。它是自尊的人的一种品质。严于律己，宽以待人是迈向成功的第一个阶梯。人非圣贤，孰能无过？宽容了别人的缺点和错误，维护了他人的自尊心，在尊重别人同时也尊重自己，予人玫瑰，手有余香。

以宽容唤起自尊

古往今来，生活中有不少这样胸怀宽广的人。宽容是荆棘丛中长出来的一抹最高雅的淡红。你对别人宽容一点，就会海阔天空。青少年时期，大家的自尊心较强、心理承受力较弱，在遇到一些不愉快事情的时候，学会用宽容来唤起自己或别人的自尊。自尊是一个人生存的支柱，是一个人灵魂中不可或缺的东西。只有懂得自尊的人，才会得到他人的尊重。正如苏联作家别林斯基说的那样：自尊心是一个人灵魂中的伟大的杠杆。

高考临近，某中学需要借用考场，学生不得不放假 5 天。考虑到假期较长，各科老师在放假前各给同学们发一份卷子，要求学生在家认真完成。返校后第一节课是数学课，王老师开始检查试卷，个个过目，课堂气氛紧张起来。有的学生没带试卷，有的学生没有全部完成，有的学生还是空白。当王老师检查到李红的时候，发现了问题：这份试卷是上个班张燕的，假冒来了。是当众点破，还是先弄清情况？王老师最后选择了第二种方案，平静地问道："这份试卷是你的吗？"李红怯怯地回答："是的。"

第二天上午课间操，李红来到王老师的办公室。她先问了几道难度较大的数学题，然后胆怯地拿出一份数学试卷，轻轻地说："王老师，这才是我的试卷，已经做好了。"说话时脸涨得通红，慢慢低下了头。王老师这时立即打破尴尬的局面，亲切地说："昨天你犯了一个错误，今天又主动来承认错误，知错改错，你仍然是一名好学生。其实，昨天我在课堂上就看出了破绽，因为我的记性较好，班里每个学生的字我都能认得出来。我在等待你来找我啊！"气氛一下子缓和了许多，接着李红说了她未完成作业的担心和昨晚的思考，渐渐地她的脸上露出了微笑。最后，她高高兴兴地回教室去了。

我们试想一下：如果那天王老师当众揭穿李红，她会无地自容，不仅自尊心要受到极大的伤害，而且以后难以面对全班的同学。李红就有可能因此而毁掉自己。而王老师的宽容让李红不仅找回了自尊，还鼓足勇气承认了错误。

宽容是人格的升华

对于青少年来说，宽容是一门必须要学习的课程。青少年之间的友好交往，本是很单纯、美丽的，它凝聚着我们的思想、情感。但在其中难免会出现冲突、摩擦。往往就是一些鸡毛蒜皮的事，断送了一段美好的回忆、一次纯洁的交往。其实，发生一些不愉快的事情，只是青少年不懂得宽容别人、谅解别人。待人处事，如果没有宽容，就没有友情，没有了宽容就失去了善。宽容是一种美德、一种修养，也是衡量一个人层次高低的标准。能够给别人一个改过自新的机会，同时也让自己驱散一些烦恼。学会了宽容，人世间便会多几分温暖。

法国作家雨果曾经说过：世界上最广阔的是海洋，比海洋更广阔的是天空，比天空更广阔的是人的胸怀。人的心就像一个有无限空间的盒子，只要你愿意，没有什么装不下。人生苦短，又何必把时间浪费在无谓的纷争上呢？与其让别人痛苦让自己烦恼，为什么不让自己活得更潇洒一些呢？多一些宽容，便少一些烦恼。

不懂得宽容他人，对其以后的成长是十分不利的。要明白，不会宽容别人的人，同时也是一个不配受到别人宽容的人。因此，青少年朋友应该放宽自己的胸怀，宽容别人的过错。宽容不仅惠及别人，还提升自己，何乐而不为呢？

能够对同学宽容实际上也是为自己铺平一条道路。也许同学一句不经意的话触痛了你的心，但是你要相信他绝对不是故意的。能够宽容他也会让他对你心存感激，多了一个关系要好的同学，自己的路当然就更好走一些。所以，在和同学相处的过程中，一定要学会互相谦让和包容，互相理解和支持，这样才能形成一个和谐的集体环境，同时也营造一个良好的学习环境。宽容能够带来这么多的好处，难道你还有理由拒绝吗？

心灵悄悄话

无原则的宽容则是不可取的。宽容是有限度的。宽容也要讲究方式。宽容不等于纵容。宽容不能放弃尊严。如果不闻不问，放任自流，这样的宽容就会变了味，成为错误的帮凶。

虚荣心与自尊心的联系

在平日的学习生活中，有自尊心的青少年不甘落后，能够自觉主动地遵守纪律，努力学习，并能创造性地完成任务。由此可见，自尊是一种难能可贵的情感。青少年只要很好地利用它，就能够丰富自己、提高自己、发展自己。但是，有些青少年自尊过分，特别爱面子，贪图追求表面光彩，便由此走向了虚荣。

笑笑是一个家境贫寒的女孩。高中毕业后刚刚步入社会，为了追求时髦，她不惜一切向亲朋好友借钱购买高档衣服，还用借来的钱购买了钻石项链、戒指等，以此炫耀自己。周围的朋友羡慕地夸奖她比较有钱，而她只是说这些物品是爸爸妈妈帮她买的。

有一天，她家的门楼水泄不通，到处堵满了要债的人。这时，周围的朋友才明白事情的真相。从此以后，大家总是有意无意地躲着笑笑，她也为此陷入苦恼之中。

从心理学角度而言，虚荣心是一种被扭曲了的自尊心，是一种追求虚荣的性格缺陷。每一个青少年都有自尊心，都渴望能够得到社会的认可。这是一种正常的心理需要。然而，在现实生活中，一部分青少年不能正确地评估自己，将父母或他人的荣耀当成自己的；由于害怕被别人瞧不起，往往不顾经济条件是否允许，在穿着打扮上互相攀比；在知识学问方面，不懂装懂；总是表现出一贯正确，听不得别人对自己的批评……他们并不是通过实实在在的努力，而是利用撒谎、投机等不正当的手段来猎取名誉。青少年若要把其虚荣心转化为自尊心，应从以下几个方面进行调整：

认识虚荣心的危害

虚荣心强的人们，在思想方面会不自觉地渗入自私、虚伪、欺诈等因素，它与谦虚谨慎、光明磊落、不图虚名等美德格格不入。具有虚荣心的人们总是为了表扬、赞许才去做某些事情，对表扬或成功沾沾自喜，甚至不惜一切弄虚作假。他们并不喜欢也不善于取长补短，而是想方设法遮掩自己的缺点与不足。青少年正处在生理与心理的发展时期，这种虚荣的心态与迫切要求上进、奋发向上的青少年的理念是相悖的。除此之外，青少年一旦有了虚荣心，便不敢袒露自己的心扉，为自己带来沉重的心理负担。毕竟虚荣只能满足一时，而不能应付一世。

随着年龄的增长与生理不断发育，青少年的自尊心也得以发展，并明显增强；随着自尊心的发展，虚荣心逐渐进入人的情感领域。事实上，虚荣心是一种扭曲的自尊心。一般而言，自尊心强的人对自己的声誉、威望比较关心。若做了好事，心里高兴是荣誉感的表现；珍惜荣誉、顾全面子是维持自尊心的正常要求；而为了表扬或赞许而做好事，甚至不惜弄虚作假，则是虚荣心的表现。

端正自己的人生观与价值观

自我价值的实现不能脱离社会现实的需要，必须建立在社会责任感之上，正确理解权利、地位、荣誉的内涵及人格自尊的真实意义。

青少年时期，他们开始为追求一定的目标价值而学习，学习在无形中便成为自觉、主动而又持久的活动。然而，随着社会主义市场经济体制的建立，人们的观念发生了一系列变化，加上某些消极因素的影响，许许多多的青少年过分追求外在的虚华，摆阔气，讲排场，大吃大喝，

第三篇　自尊是一种品格

61

互相攀比……这些均为其虚荣心的增长提供了一定的土壤。青少年只有着眼于现实，把个人理想与国家、民族的前途有机结合起来，通过艰苦努力，克服前进道路上的种种障碍，才能实现自己的远大理想与抱负。

摆脱从众心理

从众心理既有积极的一面，也有消极的一面。对于社会上的一些歪风邪气、不正之风，倘若任其发展，就会造成一种压力，使一些意志薄弱者随波逐流。在某种程度上，虚荣心就是从众行为的消极作用所带来的恶化与扩展。譬如：社会上流行吃喝讲排场，住房讲宽敞，玩乐讲高档……于是，一部分青少年在这种社会风气的影响下，便误认为若在生活方式上落伍，将会遭受他人讥讽，于是他们便不顾自己客观实际，打肿脸孔充胖子，结果使其劳民伤财，负债累累。这是一种自欺欺人的做法。青少年应该以清醒的头脑面对现实，实事求是，从实际出发，摆脱从众心理的负面效应。

调整心理需要

需要是生理的要求与社会的要求在人脑中的反应，是人们活动的基本动力。作为青少年，不仅有对饮食、休息、睡眠等的生理需要，还有对劳动、道德、交往等的社会需要；不仅有对空气、水、书籍等的物质需要，还有对创造、交际、认识等的精神需要。人的一生就是在不断满足需要中度过的，但人毕竟不是动物，马克思曾经指出："饥饿总是饥饿，但是用刀叉吃熟肉来解除的饥饿不同于用手、指甲和牙齿啃生肉来解除的饥饿。"在某个时期或某种条件下，有些需要是正当合理的，有些需要是非合理的……对于青少年而言，对正当营养的要求是合理的，而不切实际摆阔气的需要是不合理的；对干净整洁、符合青少年身份的服装需要是合理的，而为了追求时髦，浓妆艳抹、穿金戴银的需要是不合理的……因此，青少年应该学会知足常乐，多思多得，从而实现自我的心理平衡。

自尊心是建立在自信的基础之上。具有自尊心的人们承认自己有比不上他人的地方，但是他们会想方设法使自己改变这种状况；而虚荣心则是建立在自卑的基础之上，具有虚荣心的人们总是十分在意自己在别人心中的形象，总想不由自主地掩饰自己的弱点，他们不是通过努力提高自己的实力，而是急功近利地做表面文章，结果到头来使自己失去了真正的自尊。因此，那些爱慕虚荣的人，应努力把自己的虚荣心转化为自尊心。

心灵悄悄话

所谓的自尊心，就是尊重自己的人格、荣誉，不向别人卑躬屈膝，不容别人歧视侮辱。维护自我尊严是一种自我情感体验。

第三篇　自尊是一种品格

保持自己的尊严

一个人是否有成就，只要看他是否具有自尊心和自信心。

漫漫人生路，尊重自己与尊重别人是同等重要的。你只有在尊重自己的前提下，才能更好地学会去学习、生活，你才会承担生命给你的使命。"越孤单，越无亲无友，越无人依靠，我越是要尊重自己。"150 多年前，简·爱不卑不亢地对罗切斯特说。直到现在这句话依然拥有震撼坚决的力量。如果每个人都能像她那样自尊自爱，都必然会拥有真正的幸福。

在这个纷繁复杂的社会，你会面临着各种各样的选择，尊重自己，始终保持自信和昂扬的斗志，相信没有什么困难是克服不了的。怀才不遇，是因为别人没有发现自己的优点；找准突破口，蓄势待发，《封神榜》中姜子牙九十而出将入相，辅佐周武王伐纣。古人尚且如此，我们凡夫俗子，又何尝不能。又何必苦苦折磨自己。用一种好的心态去面对生活给我们带来的不幸。珍惜自己存在的价值。唯有懂得尊重自己的价值的人，才能真正得到社会的尊重。

自尊就是要随时注意自己的形象，学会保持自己的人格的尊严，不卑不亢，战胜邪恶的歪理，与正义较量。

谢甫琴科是俄国著名诗人。他的诗大都能反映对沙皇的反抗。有一天，沙皇特意召见他。文武百官和各使臣都向沙皇弯腰鞠躬致敬，只有谢甫琴科一个人凛然站在一旁。沙皇大怒，认为每一个人都应该对他行礼。便问道："你怎么不弯腰鞠躬？"谢甫琴科沉着回答："不是我要见你，而是你要见我。如果我也像周围的这些人一样，在你面前深深弯腰，请问，那你怎么能看得清我呢?"

从这个事例中可以看出，谢普琴科注意了个人的细节问题，不同流合污，保持了一个人最基本的尊严，维护了人生最值得珍惜的东西。

青少年在生活中也要像谢普琴科那样，懂得适时维护自己做人的尊严。

首先，只有自己尊重自己，别人才能尊重你。生活中时时刻刻都需要我们学会尊重。尊重别人要从小事做起。对待每个人或者每件事，我们都试着用爱的目光去观看，不带成见地对自己的同学，以诚相待，是对同学最起码的尊重，是纯真友谊的基础；回到家时与父母长辈打声招呼是一种对长辈亲人的尊重，是对亲人辛勤养育最珍贵的抚慰；上课专心听讲是对老师辛勤劳动的尊重。一个不尊重他人的人，绝不会得到别人的尊重。

尊重自己，就少了公共场所的大声喧哗，就少了大街上的招摇过市，就少了公园遍地的白色垃圾和备受践踏的草地的呻吟，就少了许多许多的不和谐的音符。虽说生活也少了一些色彩，但也多了一份庄重，多了一份尊严，更重要的是多了一份做人的原则。保持尊严，不仅是对自己的一份责任，也是你对这个社会、对你身边的每一个人的责任。

鲁迅先生在《中国人失掉自信力了吗?》中说："我们从古以来，就有埋头苦干的人，有拼命硬干的人，有为民请命的人，有舍身求法的人，虽是等于为帝王将相作家谱的所谓'正史'，也往往掩不住他们的光耀，这就是中国的脊梁。"这是鲁迅先生的至理名言。正是这些有自信力的人的存在，中国才能发展壮大，才能在这个世界立于不败之地。我们为之欣慰，为之自豪。自信力的存在正是自尊自重的重要体现。

尊重是一种需要。当你需要别人尊重时，首先你要尊重你自己。你存在着就有存在着的理由，也要有存在的价值。要充满自信力，始终坚信，别人可以做的事情你也可以做，别人做不了的事情你也能做。若是

自 尊

整天无事可做，虚度光阴，游戏人生，就对不起自己，更对不起社会。我们应该从别人身上吸取养分，在别人身上看到自尊自信的力量。"会当凌绝顶，一览众山小"。尊重自己，实现自我，是一种人生的观念。

成长与自尊同行

人可以不伟大，也可以不富有，但人不可以没有自尊。我们在任何时候，都没有理由放弃自己的人格尊严。勇敢地找到自我，就是扛起我们人生的信念。自尊让我们富有信心，让我们成长，让我们学会了理解与关怀。懂得尊重自己，也尊重他人。

青春是人生的摇篮。你怎么确立它的方向，它就怎么与你生活。如果你善待了自己，学会自尊自爱，那么青春也会盘旋在你的左右。

自尊，你我成长的保证。它能促使我们勇敢地战胜自我。敢于面对自己的人生，直面生活中的各种挑战。挑战有时对我们而言，是无法阻挡的压力，但是自尊能战胜我们软弱的心，学会在挑战中把握住自己的青春。

自尊是成功的保证。学会生活的自尊。青少年成长的路上，充满了机遇与挑战，看你如何去面对自己的人生。

学会自尊，把个人的美好品质都能表现得淋漓尽致，掌握住人生奋斗的方向，在生活中掌握自己的人生。那样，你就成功了。

学会自我肯定

青少年必须学会自我肯定。因为人有所长，尺有所短。只有学会自我肯定，才能"自信、自尊、自在、自省、自勉、自主"。学会自我肯定，不是要你去盲目自恋、自大，而是要你学会从因果的事实和因缘的现象来认识自我到底是什么。

一个叫黄美廉的女子，自小就患上脑性麻痹症。她因肢体失去平衡感，手足便是时常乱动，眯着眼，仰着头，张着嘴巴，口里念叨着模糊不清的词语，模样十分怪异。这样的人其实已失去了语言表达能力，不亚于哑巴。

但黄美廉硬是靠她顽强的意志和毅力，考上了美国著名的加州大学，并获得了艺术博士学位。她靠手中的画笔，还有很好的听力，来抒发自己的情感。

在一次讲演会上，一个不懂世故的学生竟然这样提问："黄博士，你从小就长成这个样子，请问你怎么看你自己？"在场的人都在责怪这个学生不敬，但黄美廉却十分坦然地在黑板上写下了这么几行字："一、我好可爱；二、我的腿很长很美；三、爸爸妈妈那么爱我；四、我会画画，我会写稿；五、我有一只可爱的猫；六……"最后，她以一句话作结论："我只看我所有的，不看我所没有的！"

从这则故事当中，我们得到的感叹就是：不愧是黄博士！她以自己的实践，道出了走好人生路的真谛：要肯定自己。肯定自己就是尽力发

挥自己的优势，多看多想自己好的一面，就能增强信心、充满活力。

实际上，人或因先天或因后天而造成的外表缺陷，这都是自己无法自我选择的，但内心状态、精神意志却完全是靠自身力量的抉择。还是那句"天生我材必有用"，在当今纷繁的世界上尤应肯定自己，任何悲观情绪都不利于走好你的路。

青少年要想获得生命的最高嘉奖，自我肯定就是获得成功的最好捷径。当你遇到困难时，出去走一走，做一点别的事情。也许在做别的事情的过程中，困惑你的难题就迎刃而解了。

已故的马尔科姆·福布斯曾说："运动中的汽车用发电机源源不断地为电池供电。"福布斯相信很重要的一点就是："除非你真的逝去，否则永不言死"。他以自己的生命诠释了这一点。

如果你总是否定自我的价值，那么，你必然会觉得学习只不过是一场无聊又无奈的噩梦和游戏而已。要不然，为什么有些人在遇到无法跨越的障碍、不能解决的困难、无从挽回的挫折时，便会慨叹为何要生存在这个世界上？为何要担惊冒险，受苦受难？为何要忙忙碌碌，顾虑重重？要不然，为什么有些人在遇到挫折和困惑时，便会慨叹在人世间过眼云烟的到底是为了谁？

俗语说得好："种瓜得瓜，种豆得豆"；"一分耕耘，一分收获"。事实上，有瓜有豆，必定由于种瓜种豆；同时也必须明白，种瓜未必得瓜，种豆也未必得豆；但是若不去种，若不去耕耘，则肯定你是什么都得不到的。

不要埋怨自己的条件不好，更不要埋怨这个世界不公平。正如奥格·曼狄诺在《幸福之路》一书所指出的那样："要明白这世界上原本就没有平等可言。"为什么有些花一出生就枝繁叶茂，有些毕其一生也瘦小枯黄，最重要的原因就在于它们所处的位置不一样，枝繁叶茂的花的下面必定是土地肥沃，而瘦小枯黄的花必定是来自赤贫的土壤。下面，我们来总结一些自我肯定的几种信条。它肯定也能够帮助你学会自我肯定，并让你有所成就。

第一，我是一个善良、有用、令人尊敬的人。

第二，我完全有能力达到今天确立的目标。

第三，我控制自己的思想、情绪和行动，并且指导它们帮助我改善身体素质、关系、工作以及生活。

第四，我相信自己承担风险的能力和判断力，这是对自己极限的挑战，我愿意接受此后的结果，以及因这个决定而获得的回报。

第五，我将为实现自己的价值而生活。

第六，从难题和挫折中学习，从中我能够抓住进步和成长的机会。

第七，我的精神、思想和身体是一支强有力的团队，它们能够使我不断超越自我。

第八，我是自己最好的朋友和教练。对自己说的，总是鼓励、支持和尊敬的话语。

第九，每天我都尽量让自己变得更有学识、更明白事理、更有好奇心、更有同情心、更有适应力、更加成功并且更有控制力。

第十，不管生命中会发生什么，我决心让自己快乐；少睡就是多活。时间比金子还贵。

对照上述信条，积极付诸实践，那么，世界上没有你做不成的事。切记："过去的已经过去了，就像一碗水洒出去以后，你再也找不到它的影子。"你无法挽救昨天的失败，你无法挽留时间的流逝，你无法挽起失意的胳膊。但是，你可以为昨天的失败画上一个句号，可以为时间的流逝贴上一个标签，可以为失意的胳膊注射一支免疫蛋白，你可以满腔热情地投入到此时此刻，你可以为你梦想中的明天和人生的另一半岁月流汗挥泪。

在自我肯定的过程中，你觉得自己所从事的活动就是在向人类示爱。当你把爱捐赠给他人的时候，他人总会回报你更多的爱。你处在爱的氛围里，你和你求助的人一样共同分享快乐的爱心。当音乐奏起的时候，蝴蝶也将落在你的肩头。因为，连你的肩头也堆满了甜甜的爱。

青少年未来的路还很长，不能这样悲观，学会自我肯定。往前走，

第三篇 自尊是一种品格

就会是一片明亮的天空。作为祖国未来的接班人，你必须学会认识自己并肯定自己！唯有能够学会自我肯定的人，才能有自信、自力提升生命高度的基石，才能有自发、自为到达理想的彼岸。

心灵悄悄话

　　自尊，其实就是自我价值的肯定和认可。如果你能够真正地做到认可自己，并肯定自己，那么，你就已经拥有了一定的自尊。凭着这一股关于自尊的信心，你会到达生命中最美的高峰。

赢得属于你的自尊

成功的过程是一个挑战的过程。挑战的不是别人，而是自己。有句话说："人类最大的敌人就是自己。"如果可以做到挑战自己，那么在成功的道路上，还有什么可以使人退缩、惧怕呢？一个人若要成功，挑战自我是很重要的。只有敢于向自己挑战，才能战胜一切。如果你没有做好挑战自己的准备，那你未来的人生路就不会那么美好。面对人生这条道路上的重重荆棘，你做好挑战自己的准备了吗？

敢于正视自己

生活不可能总是完美，命运对每个人来说也未必是公平的。无论在自己的生活中遇到了什么样的困难与挫折，你都应该勇敢地去面对。人必须面对生活带给我们的苦难，也必须正视自己的不足。

富兰克林·罗斯福曾担任过 7 年海军部长助理。不幸的是因为感染脊髓灰质炎而导致下肢瘫痪，只能每天坐在轮椅上，行动十分不方便。面对这一切，他决心战胜自己，每天晚上他都偷偷地练习运动。他的母亲发现他因为练习而使身上伤痕累累时曾多次阻止，还对他说："这样让人看见多难看啊！"罗斯福说："我必须面对现实，面对自己的耻辱，我不需要掩盖我的丑态。"之后，罗斯福凭借着这种勇气，竞选成为美国第 33 届总统，他不仅把美国从经济大萧条中解救出来，还在第二次世界大战中为反法西斯战争做出了巨大贡献。

罗斯福因为能够正视自己的不足，他打破了美国总统连任不得超过两届的惯例，成了连任四届的美国总统。

面对不幸、耻辱要敢于正视。生命是宝贵的，没有理由自暴自弃，更没有理由妄自菲薄。跌倒了，爬起来；失败了，重要燃起希望的火苗，继续奋斗。只有这样的人生才是完美的人生、成功的人生。

老子曾说过："知人者明，自知者胜。"人只有正确地认识自己才能胜利。正视自己的成功与失败才能生出无穷的力量。勇敢的面对生活中出现的不幸，随时准备挑战那些阻碍自己前进的困难，成功才会与你相伴。

挑战自己，首先要正视自己。能够正视自己这个最大的敌人，你就拥有了成就一切的力量。一旦你有了这种力量，你就拥有了成功。成功不是条件也不是方法，而是一种信念、一种想法，成功不是属于有才华的人，而是主动参与的人。只要你相信自己，奇迹就一定会实现。正视自己做一个自信的人，你就能成功。

挑战自己才能成功

人的一生不断地面对挑战，最大的挑战者就是自己，敢于挑战自己的人才能成功。人生中总会经历或多或少的坎坷与挫折。在走过这些风风雨雨后，相信在心灵的原野上一定会开满顿悟的花朵，那种感觉很奇妙。每次经历其实就是对自己的一次挑战。成功是靠自己创造而来的，每个人都具备成功的能力，所以想要成功，就得向自己挑战。

虽然人不可能是十全十美的，每个人都有不同程度的缺陷，这些缺陷从某种意义上来说却是成功的动力。成功需要动力。人有了动力才有战胜挫折的可能，有价值的人生就是直面这些缺陷，进而奋发向上，努力拼搏。那些在生活中遇到的困难与挫折，让我们可以清楚地看到自己力量的不足和智慧的匮乏。所以我们就要在成功的过程中，不断地向自己挑战。只有战胜了自己，才有可能成就一切。

一个人要挑战自己，需要的并不是投机取巧，也不是小聪明，而是战胜自己的信心。一旦有了这种信心，就会产生意志与力量。成功与失败最大的不同就在于意志与力量的差异。人一旦有了这种意志力量，就能战胜人性中的各种弱点。当你懦弱、畏惧的时候需要勇气来战胜自己；当你懒惰的时候需要勤奋来战胜自己；当你骄傲、自满的时候需要谦虚来战胜自己；当你浮躁的时候需要宁静来战胜自己。当你有了意志与力量，你就具备了敢于挑战自己的素质，任何成功便皆有可能。

作为当代青少年，更应该敢于挑战自己。只有敢于挑战自己的人才能成功。在挑战自己的过程中激发自己的智慧与力量，从而使自己慢慢学会在克制与忍耐中的取胜之道；铸造自己无坚不摧的意志，成功就离你不远了。否则你只会被那些懦弱、畏惧、逃避打败，永远不可能成就自己，永远不可能成功。

挑战自己吧！只有勇于挑战自己的人才能成为一个成功的人。你向自己挑战就是向人生挑战，在这个过程中你会得到更丰富的人生，它不仅可以使你终生享用，还会使你的人生更有价值。

只有敢于挑战自己的人，才能成功；只有敢于挑战自己的人生，才是有价值的，才是多姿多彩的。

心灵悄悄话

青少年一定要勇敢地挑战自己，随时准备挑战那些阻碍你前进的一切困难；你的人生会因此而丰富卓越，世界也会跟随着你的步伐句前迈进。

脆弱的自尊心

每一个青少年都有自尊。自尊是一个青少年对自己身体、能力、品德、行为等感到满意的一种状态。由于自尊，青少年才会积极健体，追求健康之美；由于自尊，青少年才会积极学习，表现技能才华；由于自尊，青少年才会助人为善，使其品德升华……与此同时，在青少年未承受过人生风雨的幼小心灵中，自尊又是那样敏感与脆弱。

拒绝"假自尊"

我们时常看到这样的青少年：他们在享受着成功所带来的欢乐，在公众面前充满自信，然而，在他们心灵深处，却很不满足，充满焦虑或感到压抑……他们只是在表面显得自尊，却没有内心深处的自尊。

小磊是中国药科大学镇江校区的一名在校大学生。他是学校的一名贫困生，学习成绩不错，老家在山东农村，平时自尊心极强，很少与其他同学进行沟通交流。由于其春节没有回家，母亲便在端午节来临之际，从千里之外的老家来看儿子，并拎来一大篮子自己亲手包的粽子。令人们意想不到的是，母亲的到来使小磊感到十分不快，并无比震怒。他觉得衣衫破旧的母亲会使自己"丢脸"，被同学们看到后笑话，于是坚决不让母亲进校。经过近20分钟的僵持，在儿子的一再催促下，母亲无奈地含泪掉头离去。在即将离开的时候，母亲反复地向小磊询问道："快要端午节了，要不要把粽子留下来吃？"但儿子却嘟囔了一句：

"你快走吧，谁还吃这个东西？"

小磊担心衣着破旧的母亲被同学们看到后瞧不起自己，竟然将从山东远道而来探望自己的母亲拦在校门口，并让母亲将亲手制作的一大篮粽子原封不动地带回去。在无可奈何下，母亲不得不含泪离开。

中国有句古话是这样说的："儿行千里母担忧。"还有这样的诗句："慈母手中线，游子身上衣；临行密密缝，意恐迟迟归；谁言寸草心，报得三春晖？"可怜天下父母心，其母善良淳朴的伟大母爱值得我们感动，然而，"自尊心"极强的小磊却令人感到愤怒。

自尊心强本是一件比较好的事情，自然无可厚非，但当自尊心变成一种畸形的冷漠、一种对自己母亲都冷若冰霜的时候，试问，这样的自尊还能承载什么呢？假自尊只是没有现实基础的自信与自我肯定的幻想。它用一种没有理性的自我保护的办法来减轻焦虑，并伪造一种安全感来缓解我们对真正自尊的需要，避开缺乏自尊的真正原因。假自尊是建立在或恰当或不恰当的价值观念基础上的，无论是否恰当均与真正的自尊没有丝毫的本质联系。

青少年不应从知名度、声望、物质所得或性掠夺中寻求自尊，而应从意识、责任和诚实中得到自尊；不应注重自己是某个社团、学校或政党的成员，而应该珍惜自己的真实性；不应盲从于某一特定群体，而应做出合适的自我主张……总之，应拒绝"假自尊"占据自己的心灵。

认同不是自尊

别人的认可不能使其产生自尊；与之相同，知识、技能、物质财富等也不能使其产生自尊。或许这些会使他们暂时拥有比较好的感觉，或在特殊情况下更舒服一些，但舒服并不是自尊。

增强自尊的一个最好办法就是与自尊有帮助的人为友，而不是与自尊不利的人为友。有益的关系比有害的关系更可取。但是，不要奢望从

第三篇　自尊是一种品格

别人那里得到自尊。这不仅是行不通的，还容易使我们成为喜欢听别人奉承的人，对我们的身心健康均有弊无利。

自尊是内心深处的一种感觉，位于生命的中心，它是我们对自己的看法与感觉，而不是别人对我们的看法与感觉。因此，青少年应该了解自己的情感，了解自己的反应，学会独立思考，而不是一味地认同与被认同。

心灵悄悄话

自尊是我们的基本能力与价值的感受。因此，切莫让"假自尊"占据了其幼小而又脆弱的心灵。

第四篇 >>>

自尊是一个人的灵魂

对于一个缺乏自尊的人，谁也不能把尊严给他。一个人有了自尊心，他才可以明确地去指导自己向正确的道路迈进。所以，人应该不断地维持自己的尊严。

尊严可以发掘自己的潜能，可以促进自己的工作效果。不但这样，我们每天要重复估计自己的潜能，看看是否有所增加。

自尊究竟是怎么样获得的呢？很简单，就是由于自信。你获得了自尊的快乐，那么，你必定会从自信中得到自我认可。

自尊与个性特质

充满巨大的变化和不确定性可能是 21 世纪的特征。要成功应对这些变化和不确定性，青少年必须从积极的角度看待自己及其能力。这并不意味着他必须认为自己是十全十美的——事实上，如果他不这样看待自己会更好。

如果你的孩子充满自信，他就会觉得更加容易顶住，至少是理智地应对过度的学业压力、同伴强制以及不恰当的饮酒、吸毒和性行为的诱惑。成年人的"自信"态度，有助于他坚守自己的原则，因而能够更好地应对自己在经济、感情、子女和职业方面的问题。但是，如果他视自己为问题、错误、失望、痛苦和苦恼的根源，他就会缺乏接受挑战、承担责任的信心。

那么，成年人如何做才能培养出积极进取、富有热忱和乐观向上的孩子呢？非常重要的是，要让你的孩子知道他对你非常重要，持续不断地支持和鼓励他，给他充分的正面反馈，拓宽他的眼界，做一切让他感觉到自己被爱和需要的事情。同时，最大限度地减少对他的责备、唠叨和吹毛求疵也非常重要，因为它们会传递出你对他的失望。即便你本没有这方面的用意，你也会向他传递出有关他是否可爱及能干的有害信息，对他的心理健康、情绪稳定性、自尊和积极性造成不利的后果。

经常性的批评会让他觉得永远也不能令人满意，自己从根本上是一个有问题的人。他将因此总是谨小慎微，不断琢磨下一次又该轮到自己哪一个行为不被认可。这会削弱他的信心、主动性和士气，和冲他大喊大叫、没有根据的责备、严厉无常的例行惩罚，会产生相同的后果。

自 尊

我们会为自己那些负面的话找到许多借口，并且可能认为，本来就该那样和他说话。我们可能将他任何挑战性的回应，视为我们的话没有伤害他的标志，却没有意识到，他举起的挑战性回应这一盾牌，只是一种出于自我保护的臆想。如果他的回应带有敌意，我们常常将之视为他拒绝接受我们所说的话，并会想：究竟是因为什么，我们要劳心费神讨好他呢？如果感觉到自己说的话对他造成了伤害，我们可能会对自己说，他也该长大了。但是，那些"无法承受"建设性批评的孩子，常常遭受了大量的建设性批评。要想让他还能保有一点能量以保护其自尊的话，我们就不应该继续让他接受此类批评。

对孩子的忽视也会对他造成伤害。如果在父母的生活中，孩子根本无足轻重，要不就是给予他超过其年龄限度的自由，在如上两种情况下，他都可能觉得父母对他漠不关心。孩子所需要的，不是父母宣称他们如何如何爱他，而是通过行动和语言，以一种他可以理解的方式，来表现出对他的爱。

他的个性特质与其他孩子都是不同的。不同的孩子会有不同的感受事物的方式，玩耍的方式，看问题的方式，学习的方式，还会喜欢不同的事物。撇开他的性别不谈，正是这些"个性特质"决定了他的自我。如果非常了解孩子的成年人将他们观察的结果用语言清楚地表达出来，并鼓励他也这样做的时候，孩子对其内在品性的方方面面将有着更为清晰明确的认识。

不妨拿艺术家的调色板来做个类比：调色板能识别的颜色或特性越多，画出的画作就越趣味盎然、绚丽多彩。父母对孩子的看法，通常都很绝对，非白即黑。他们要么是"好孩子""成功的孩子"，要么是"有问题的孩子""不可救药的孩子"要想孩子始终充满骄傲、快乐和自信，他们必须视自己为多维度、多色彩的，拥有多种正面性格特质和能力的人。

填充孩子的"个性调色板"，写下他的好恶——他喜欢吃的东西或者不吃的东西；他最喜欢的运动、课余消遣和活动，他喜欢和不喜欢的衣服，他的特长，他喜欢光顾的场所以及最有效的行事方式。

　　跟他说说你观察的结果。比如，你可以对他说："我真的喜欢你……的方式"，或者"你非常关心他人/善解人意/手巧，我说的没错吧。"

　　用积极的态度看问题：有些你认为的负面特点，可能是他正面品质的另一面。比如，他可能在朋友面前坚守自己的原则，而在你面前，这样做则会显得"过于自信"。

第四篇　自尊是一个人的灵魂

走向成功的秘密

斯巴达练习格斗时曾抱怨手中的剑太短。他父亲严肃地说：你往前上一步，剑不就长了一尺吗？这种教育培养了他无畏的性格。

天赋超常而没有毅力和恒心的人，只会成为转瞬即逝的火花。许多意志坚强、持之以恒而智力平平乃至稍稍迟钝的人，都会超过那些只有天赋而没有毅力的人。真正的智慧总是与谦虚相连，真正的哲人必然像大海那样宽厚。

"要么步人后尘，要么另辟蹊径。"这一古老的谚语描绘了日耳曼人独特的个性特征。时至今日，这仍然是这一民族后裔区别于其他民族的一个显著特点。事实上，斯堪的纳维亚神话形象的一个最与众不同的特征就在于，他们的神带着一把榔头。他们既不崇拜偶像，也不信奉鬼神，唯一相信的就是自己肉体和精神的力量。从一些小事中可以看出一个人的性格，从一个人使用榔头的方式中，大概也可以推断出他的力量大小。

因此，在听到朋友提出要到某地买房定居时，一位声名显赫的法国人简练精准地描述了当地居民的个性特征。他说："到那儿做买卖你得加倍小心，我了解那儿的人。连从那里到巴黎兽医学校求学的学生，在解剖实验中都不肯用力敲击动物的砧骨——显然他们缺乏力量。如果在那儿投资，你怕是不会得到满意的回报。"这段耐人寻味的话，表明了观察者对性格与行动关系的理解，也极其有力地说明了这样一个事实：每一个具体的人赋予他所生长的土地和国家以价值。就像一句法国格言说的："人类的力量就是土地的力量。"

在人的价值追求中，坚韧不拔的精神是一切真正伟大力量的基石。这种力量使人们能够克服种种困难，忍受乏味的工作和琐碎的细节，最终顺利走过每个必经的人生阶段。其间所经历的这些困苦、乏味、沮丧甚至是危险，才造就了天才。在任何价值追求中，达到成功所需要的首先是目标，其次才谈得上才干。目标的力量使人们能够如愿以偿。虔诚的信徒们总是说："无论你想要什么，你都能得到，因为这就是我们意志的力量，上帝与我们同在。"这就是对目标和意志的总结概括。据说有个木匠在给一个官员修理椅子的时候，异常的认真细致。有人问他原因时，木匠说："我希望这把椅子足够耐用，直到我当了官坐到上面。"问他的人不以为然。说来奇怪，木匠后来果真成了一名官员，坐上了这把椅子。

有目标才有决心，有决心才能够在奋斗的过程中提高能力，培养意志力，而意志力又是人们性格里的中心力量。或者说，意志力就是人类本身，它是人们行动的推动力，是使生命充满活力的源泉。在人性的财富中，没有什么可以和坚定果敢相提并论了。即使我们努力的结果并未获得成功，我们也可以因为自己已经尽力而感到欣慰。至少，我们曾经努力过。在平淡的生活中，面对困苦的执着和坚定总能给我们以前行的勇气。

可行的目标一旦确定，就必须迅速行动起来，并且坚定不移。能愉快地从事枯燥乏味的工作，实际上是最有益于磨炼意志的方式。阿雷·谢弗尔说："只有精神或肉体的劳动才能结出丰硕的果实。努力，努力，再努力，这就是生活；我可以骄傲地说，在这方面我做到了：没有什么能够动摇我的信心和勇气。一般情况下，如果一个人具有强大的精神动力，一个明确现实的目标，那么他一定能实现自己的愿望。"

休·米勒说，只有"社会这所学校"能使他受到全面的教育，"在那儿，艰难困苦是最为美丽而又最为崇高的老师"。那种纵容自己寻找借口推脱工作、逃避责任的人终究会失败。而如果我们把任何工作当作不可回避的责任，我们就会抱着愉快的心情迅速将它完成。瑞典的查尔

第四篇　自尊是一个人的灵魂

自 尊

斯九世年轻时就是意志力的坚信者。每当儿子遇到了困难，他总是摸着他的头鼓励说："让他做，他会去做。"勤奋也能够像其他习惯一样慢慢养成。因此，能力平庸的人，只要全身心地投入某一工作，从他自己的能力方面，也会取得许多收获。福韦尔·伯克斯顿坚信《圣经》的训诫："无论干什么，你都要全力以赴"，他认为自己的成功是"在一定时间竭尽全力地做一件事"的结果。

没有奋斗就没有收获。令人吃惊的是，许多看似不可能的目标，经过人们的努力，居然出人意料地变成了现实。强烈的暗示本身就会使事情向期望的方向转化，我们的期望往往又是事情成功实现的先兆。相反的，胆小懦弱、犹豫不决者往往发现每件事都不可能，因而等待他们的往往只能是失败。据说，有一名法国军官常常在自己的公寓附近散步，并且总是喜欢说："我要成为法国的元帅，成为一个伟大的将军。"他的这种强烈愿望和心理暗示就是他成功的先兆。后来这个年轻军官确实成了一名司令，最终当上了法国的元帅。

对于年轻人来说，如果愿望和要求不及时付诸行动或难以成为事实，他们往往就会精神颓废。然而，要达到目标，不仅需要耐心的等待，还需要坚持不懈的奋斗和拼搏，就像在滑铁卢击败拿破仑的惠灵顿将军一样。

果敢和意志自由

关于意志自由，不管逻辑学家从理论上得出什么结论，每个人都会有亲身感受。人们可以自由地在是非善恶之间选择，在很大程度上自己掌握方向。虽然客观事物对人有着种种限制，但没有任何事物可以完全地束缚我们的意志，我们能感觉到自己没有被困住。因为如果我们不这么想，所有的良好愿望都会化为泡影、无影无踪。在我们生命中的每一时刻，我们的内心告诉我们，自己的意志是自由的，它是完全属于我们自己的唯一的东西，取决于我们自己的选择，不管它正确与否。习惯和诱惑不是我们的主人，相反，我们可以支配它们，这是普通人的意志力所能达到的范围，用以实现自己的既定目标。

伯克斯顿认为年轻人喜欢意气用事，随兴所致，除非他们能够形成坚定的决心并持之以恒，才能终有所成。在给一个儿子的信中，伯克斯顿写道："现在你已经到了该对自己的人生做出方向性选择的关键时刻，你必须坚持原则，抵御不良影响，形成坚定的决心和意志力。否则就会陷入无所事事、漫无目的和效率低下的状态中，而且你一旦沦落到这种境地，再振作起来就不那么容易了。我年轻时也曾经意气用事，随心所欲……我生活中的乐趣和成功都来源于我在你这么大时所做的转变。如果你现在郑重其事地想要成为一个勤勉用功的人，那么将来的人生中，你就会感到欣慰和快乐，因为你为你正确的决定而坚定地奋斗过。"说到意志，往往就是持之以恒、坚定不移的力量。但是，前提是方向正确和动机良好。如果一个人只追求感官的快乐，那么意志越坚定后果就越可怕。相反，坚强的意志才能真正成为造福人类的君主，而聪

第四篇　自尊是一个人的灵魂

明才智才能给你带来快乐和欢愉。

拿破仑的座右铭之一是："最真实的智慧就是果断的决心。"他自己不同寻常的一生充分地展示了意志的无所不能，以及可以带来什么样的辉煌。在他面前，整个欧洲为之震动。在翻越阿尔卑斯山的途中，有人报告山路阻挡了军队的去路，他却说："我没看见阿尔卑斯山。"于是一条以前几乎不可攀越的道路因此被开凿出来。拿破仑说："'不可能'是无能的人的字典中才能找到的字眼。"他自己是个精力旺盛的人，有时候要四个秘书同时待命，而且每个秘书都得被折腾得筋疲力尽，没有一刻闲着，当然他自己也不例外。他的精神深深地感染了其他人，给他们的生命注入了新的活力。拿破仑曾经说："我的将军们是从泥潭里摸爬滚打出来的。"但是，拿破仑的极度自私和自大又毁了他自己，也毁了法兰西，让法兰西成了无政府状态的牺牲品。拿破仑的一生给世人留下了深刻的教训，权力的运用不当，往往很容易就会使造福民众变为贻害无穷。同样，知识和才智必须在美德的照耀下，才能给自己和他人带来福音。

可敬的惠灵顿将军的确是位非常伟大的人物。他不仅有拿破仑的坚毅果敢和百折不挠的精神，而且有超强的自我克制和勇于承担责任的精神。拿破仑的目标是"荣誉"，而惠灵顿将军的口号是"职责"，和英国海军大将纳尔逊一样。任何困难都不能使惠灵顿尴尬不安、畏惧退缩，困难反而会激发他的力量。在利比里亚半岛、在西班牙，惠灵顿不仅展现了作为将军的军事天才，而且显露了作为政治家杰出的综合才能。其实他的脾气非常暴躁，但强烈的责任感使他能够克制自己，对身边工作人员似乎也颇有耐心。作为将军，惠灵顿和克莱夫一样思维敏捷，能在艰苦卓绝的战争中，巧妙地指挥战斗；作为政治家，他和克伦威尔一样充满智慧，和华盛顿一样高尚纯粹。他的坚韧精神、英勇无畏和自我忍耐更是他铸就这些伟业的基础。

力量常常在反应敏捷和果断决策中显现出来。因为战争的胜利，往往在于利用敌人的判断失误，果断决策，采取迅速行动。拿破仑说：

"在阿科纳，我只用25个骑兵就赢得了战争，我抓住敌人人困马乏的时机，给这25个人每人一只喇叭，让他们整日地吹。两军交战与二人对抗相似，必须从气势上压倒对方。敌军一出现短暂的惶恐，我就抓住了先机。"还有一次，他打败奥地利人，也是因为奥地利人没有利用好时间的价值，在磨磨蹭蹭的时候，被拿破仑以迅雷不及掩耳之势击败。

查尔斯·纳皮尔爵士也是有着过人胆识和非凡意志的人。他曾说："领导的伟大艺术就是和其他人平等地分担工作。"一位跟随他的年轻军官这样说道："当我看到这位老人不知疲倦地纵马驰骋时，我就想，我这样年轻，怎么能退缩不前呢？只要将军一声令下，就是枪林弹雨，我也会毫不犹豫。"纳皮尔听到后十分欣慰。在谈及一次战斗中所遇到的困难时，纳皮尔说："它们只不过让我的脚在泥土里陷得更深一点而已。"比赛中往往是一步棋领先就赢得整个棋局，战争中往往是多了一次行军或是多坚持了5分钟的拼杀就赢得了整个战役。即使你的力量不如对方，也有可能和对方平分秋色，甚至最终获胜。斯巴达练习格斗时也曾抱怨手中的剑太短，他父亲严肃地说："你往前进一步，剑不就长了一尺吗？"这种教育培养了斯巴达无畏的性格。

心灵悄悄话

"有志者，事竟成。"尽管人人能这样说，但果真下定决心做某事，并且凭借这种决心，冲破前进途中的种种障碍最终走向成功却实在是不容易的，因而是值得钦佩的。相信自己能够成功，往往就会成功，成功的决心这时就成了成功本身，具有无穷的伟力。

你是最优秀的

自我肯定的行为可以增加一个人选择的自由度。我们要以真诚的方式表达自己，得到自尊与自重的感受的同时也能尊重别人，才是自我肯定的真谛。在生活中学习自我肯定的行为，以便有效地处理人际关系。

晚年的苏格拉底知道自己时日不多了，就想考验和点化一下他那位平时看来很不错的助手。他把助手叫到床前说："我需要一位最优秀的承侍者，他不但要有相当的智慧，还必须有充分的信心和非凡的勇气……这样的人选直到目前我还未见到，你帮我寻找和发掘一位，好吗？这是我死前唯一的愿望了，希望你能帮我实现它。"

"好的，好的！"这位助手很认真、很坚定地说，"这么多年，您一直很照顾我，把我当亲人般看待。我一直很感激您。我一定竭尽全力去寻找，不辜负您的栽培和信任。"

于是这位忠诚的助手就开始想尽一切办法为自己的老师寻找继承人。然而他找来一位又一位，总不合苏格拉底的心意。有一次，病入膏肓的苏格拉底硬撑着坐起来，抚着那位助手的肩膀说："真是辛苦你了，不过，你找来的那些人，其实还不如你……"

半年之后，苏格拉底眼看就要告别人世，最优秀的人还是没有找到，助手非常惭愧，泪流满面地坐在病床边，语气沉重地说："我真对不起您，令您失望了！""失望的是我，对不起的却是你自己。"苏格拉底说到这里，很失望地闭上眼睛，停顿了许久，又哀怨地说，"本来，最优秀的人就是你自己，只是你不敢相信自己，才把自己给忽略、给耽误、给丢失了……"话没说完，一代哲人就永远离开了这个世界。

最优秀的人其实就是你自己。把眼光对准自己，人生就是另外一番景象。故事中苏格拉底那位优秀的助手，也许他并不缺少智慧，也不缺少做人的忠诚，却独独缺乏最重要的自信，还有告诉苏格拉底自己就是最优秀的继承者的勇气。

所以，我们要对自己有信心，要学会自我肯定。你想自己是最优秀的，你就是最优秀的那个人。那么，怎样才能做到自我肯定呢？

当然，自我肯定也要把握一定的要领，你至少要做到如下几点：

温和，但不羞怯，因为对自己有信心，就要重视自己的价值；坚持，但不顽固，坚持重要的原则，即使在家人或外人的压力之下也不退却；关怀、重视别人的权益；表达清楚，声调、姿势、态度都能配合语言，让别人或自己清楚感受到你所要表达的内容。勇敢，有自信，不会畏惧压力或嘲笑。

有自我价值感，通过与人平等的交往，自己能从别人的尊重中更重视自己为"人"的价值。

英国著名政治改革家和道德家塞缪尔·斯迈尔斯认为，一个人必须养成肯定事物的习惯。如果不能做到这点，即使潜在意识能产生更好的作用，但仍旧无法实现愿望。

一位诗人说过："不可能每个人都当船长，必须有人来当水手，问题不在于你干什么，重要的是能够做一个最好的你。"把身边的工作做好，你就是最优秀的人。

毕尔在19岁时开办了一个经营兽皮和皮革的商店。不久，他破产了。但挫折并没有压倒这个年轻人，反而更加激励了他。不久，他开始寻找获得成功的新方法。

奇迹发生了。那一天他到新德里一条商业大街上悠闲地漫步，伫立在一个肉类市场的橱窗前面向上仰望，就在那一瞬间，他得到了一个一

第四篇 自尊是一个人的灵魂

闪而来的致富方法。

他大声宣称："那就是它！我已得到了它！"他的伟大的发现就是"运用自动暗示致富"。

"当你每天有感情地、全神贯注地高声朗读两遍从帮助你致富的书中抄下来的语句时，你就能使得你所期望的目标同你的下意识心理直接相通。重复这个过程，你还会自觉自愿地形成思想习惯。这对你努力把愿望转变为现实是有好处的。在应用自动暗示的原则时，要把心力集中于某种既定的愿望上，直到那种愿望成为热烈的愿望。"最后他的自动暗示帮助他致富成功了。

毕尔虽然在19岁时失败了，但是现在他却成了著名的令人尊敬的威廉·维·麦克考尔，澳大利亚最年轻的国会议员，著名的辛得立城可口可乐子公司董事会前董事长，以及一家为22个家族所拥有的著名公司的董事。

有些人经常否定自己，"凡事我都做不好""人生毫无意义可言，整个世界只是黑暗""过去屡屡失败，这次也必然失败""没有人肯和我结婚"，"我是个不善交际的人"……持这类想法的人，生活往往不快乐。当我们问及此种想法由何产生，得到的回答多半是："这是认清事实的结果。"尤其是忧郁者，他们会异口同声地说："我想那是出于不安与忧虑吧！我也拿自己没办法。"

心灵悄悄话

换一个角度去想，现实并不如你所想象的那么糟。例如，有些人会想：我虽然一无是处，但也过得自得其乐，不是吗？肯定自我，只有有了乐观而积极的想法，你才会找到新的人生方向和意义。

自尊是一种骄傲

自尊是承认自己的尊严，不容许别人歧视或侮辱自己。自尊是自我意识的一种具体表现，也是一种积极的行为动机，它有助于克服各种困难和自身的弱点，取得成功。一个人要得到别人的尊重，首先必须自尊、自爱、自重。

临近大街的阳台上，站着一位美丽动人的女郎，引得路人禁不住抬头看上两眼。一位青年途经此处，他被女郎的美貌深深吸引，便与她搭讪，向她表明爱意，说自己对女郎一见钟情，想与女郎交往。

女郎高傲地说："如果你真的爱我，请在阳台底下待上100天，我自会下楼会你。"青年二话不说，拿把椅子坐了下来，等女郎。

时间一点一滴地过去了，那个青年每天都在阳台底下待着，等女郎心动，可是过去一大半的时间，女郎还是没有动静。但是青年不管刮风下雨都一如既往。

99天过去了，再有一天就要到期，女郎从窗边偷视那3个月来都纹丝不动的青年，大受感动。就在女郎要出去见青年的时候，突然女郎惊呆了，只见那个"忠诚的骑士"缓缓地直起身，拿起椅子，若无其事地走了。女郎顿觉后悔，她错过了一个好男人。

这位青年恰如其分地表达了自己的深情，又恰如其分地保留了自己的尊严。伟大的思想巨匠卢梭，曾在他的一篇著名演讲词中，诠释了自尊的力量。他说："自尊是一件宝贵的工具，是驱动一个人不断向上发

第四篇　自尊是一个人的灵魂

展的原动力。它将全然地激励一个人体面地去追求赞美、声誉，创造成就，把他带向他人生的最高点。"

在英国女作家夏洛蒂·勃朗特的《简·爱》中，穷女孩简·爱面对自己的雇主——富有的罗切斯特，如此宣言：我的心灵与你一样高贵，我的心胸和你一样充实！我不是根据习俗、常规，甚至也不是血肉之躯同你说话，而是我的灵魂同你的灵魂在对话！彼此平等，本来就如此。她就是这样充满自尊地向等级森严的英国社会发出坚定有力的呼喊和挑战。

研究现在的很多高情商的人，可以看出拥有强烈的自尊是他们共同的特点。他们中的许多人在幼年时就意识到自我价值。真正的成功者，在体育运动、商业、艺术等各个生活领域中，都有着自己的独到见解，有着很强的自我价值感和自信心。他们希望别人了解自己，把这看成是有意义的事。他们非常自然地吸引着朋友和支持他们的人，这些人很少是孤独的。

"我喜欢我自己，我真的非常喜欢我自己。不论我父母说的，还是我自己的感觉都是这样。我非常高兴我是我自己。我愿意成为我自己，而不愿是历史上任何时代的别人。"这种正面的自我暗示，是培养自我尊重的重要部分。

美国政治家、科学家富兰克林说："站着的农夫要比跪着的绅士高得多。"澳大利亚作家柯林斯托姆说："虽然尊严不是一种美德，却是许多美德之母。"俄国文艺批评家别林斯基说："自尊心是一个灵魂的伟大杠杆。"

可见，尊严是一个人的灵魂，一个人一旦失去了尊严，他所剩下的也只是人的一副躯壳。现实的浊流中，我们渐渐地磨掉了个性的棱角，学会了怯懦、世故和圆滑。太多的时候，是我们自己轻易丢掉了自己的尊严。

拥有自尊的人非常尊重自己。正是因为尊重自己，根据同样的法则，他也尊重他人。同样的，他也因此博得他人的尊重。

拉哈布正走着，一个黄包车夫来到他身边。车夫摇着铃铛，问道："先生，您要车吗？"拉哈布转过头去，发现那个人瘦得皮包骨头。"只有那些没人性的家伙才会以人力车代步！"因此，他连声说道，"不，不，我不要。"一面继续走自己的路。

黄包车夫拉着车子跟在他后面，一路不停地摇铃。突然间，拉哈布的脑子里闪出一个念头：也许拉车是这个穷人唯一生存的手段，拉哈布心里顿时对他生出了怜悯之情。黄包车夫摇着铃铛，又招呼拉哈布道："先生！您要去哪里？""去希布塔拉。你要多少钱？""6便士。""好吧，你跟我来！"拉哈布继续步行。"请上车，先生。""跟我走吧！"拉哈布加快了脚步。拉黄包车的人跟在他后面小跑。

到了希布塔拉，拉哈布从衣兜里掏出6便士递给黄包车夫，说："拿去吧！""可您根本没坐车呀。""我从不包车。我认为这是一种犯罪。把这钱拿去吧，它是你应得的！""可我不是乞丐！"黄包车夫拉着车，消失在街的拐角处。

这个黄包车夫是有尊严的，他用自己的劳动换来金钱，这是心安理得的。当拉哈布给他施舍的时候，黄包车夫的一句"可我不是乞丐"，捍卫了他的尊严。

一个人一旦失去自尊，他便不能自爱。连自己都不尊重的人，又怎么能够获得尊严？！鄙视自己、轻视自己的结果，只能是失去健康、独立的人格，让自己变成一个自私自利的小人。理由很简单，如果一个人不爱自己，不相信自己，他也不可能爱他人和相信他人。自我尊重是通向成功和幸福的必经之路。我们应该无条件地热爱自己，因为你就是你，是世上独一无二的人。

在日常生活中，自尊心是一个非常流行的概念，它指的是人们赞赏、重视、喜欢自己的程度。自尊心通常是指一个人对自己价值、长处、重要性的情感上的总体评价。而自尊心也在一定程度上反映了实际

第四篇　自尊是一个人的灵魂

自 尊

自我与理想自我之间的差异，差异越小，自尊心则越强。

心灵悄悄话

　　自尊是对自己的一种敬意。它教会了一个人要有尊严，要爱自己的肉体和灵魂，要肯定自己，要将自立放在重要位置，而不是依靠他人，接受他人的施舍。

自尊不等于唯我独尊

美国自尊研究的鼻祖、一位有 50 年工作经验的心理治疗师和哲学家伯兰登对自尊的定义：自尊是一种认为自己有应对生活基本挑战的能力、值得追求幸福的倾向。这个定义中提到了两个概念：个体的能力和个体的价值感。这两者都很重要。

自尊，是人的一种美德，是无价的，是人最珍贵的、最高尚的东西，因此，我们可以贫穷，但我们不能失去做人的尊严。一个人如果没有自尊，他就会自卑、自馁，就不会爱惜自己，就会自暴自弃，什么也不干，什么也干不成。一个人如果没有自尊，就不会自尊自敬，就会盲目服从，人云亦云，没有了自己独立的思想和主见，因此，其骨子里散发的就只剩"奴气"，如此，你怎么让人正视你、尊重你？

当然，自尊不等于唯我独尊，不等于刚愎自用，更不等于自负、自我夸大。一个人如果总是过于自爱自贵，最后总是要失败的。

提到自尊的时候，我们都会问问自己是否是一个自尊心很强的人。这个只有自己的感觉才能说清楚。其实，自尊心和幸福感一样，是不需要和别人比较的，只需要问自己："我怎样能增强我的自尊心？"

然而我们通常所说的自尊中，或多或少地带有一些误解，也就是我们常常把自尊心与自大自负混为一谈，其实它们是有一定的区别的。

我们通常会问：自尊心太强会导致自大和自负吗？试想一下：当一个人像孔雀开屏般走进教室，我们会对他有什么样的感觉？——我们会认为他很高傲，但并不会认为他的自尊心很强。反倒是那些谦虚、低调的人，我们会觉得他们拥有更强的自尊。人文心理学的奠基人洛美曾

第四篇　自尊是一个人的灵魂

说："弱小之人通常欺负他人，劣势之人通常佯装强势。炫耀者、夸夸其谈者、强出风头者，其实是想摆脱自我焦虑。"自负和自大并非自尊心过剩，反而是自尊心不够。

自负的人常会感觉他人都不如自己，自负表面上近似于自信，但是与自信又有着本质的区别。自信的人对自己有着客观的认识，所表现的是实际的内在自我。而自负的人往往缺乏对自己的客观认识，所表现的多是夸张的自我，或是幻想中的自我。自负就是人们通常所说的"过于自尊"。而实际上，对自己的夸张和炫耀——自负的主要表现之一，本质上正是其不自信或自信心不足的表现。

有人说："自负像一个泥潭，陷进去了就难以自拔。"的确，自负者是很"恋旧"的，他经常沉湎于往日极少的胜利之中，故而不听他人的意见，最终自负成了自己人生的绊脚石。

每个人都有自我的本能个性及个性中的负面趋向，但个性必须依附于整体的社会架构之上，如果过于夸大、强调自己的个性就会脱离社会的大众群体而会有意无意地伤害到自己最亲近、最信赖的人，成为无本之木的空中楼阁。在虚荣、自负的眼光下，看不清别人，更看不清自己，以至于迷失方向。

我们要走出对自尊的误解，用一个正确的心态来面对自尊，要正视自己，不要看不起自己或者太高估自己。正确地面对自尊等于正视自我。

心灵悄悄话

沙哈尔老师在做论文研究的时候，将自尊分成了三种：依靠性自尊，即他人肯定和表扬产生的自尊；独立自尊，即不受他人干扰，自我产生的自尊；无条件自尊，即自然存在，相互依赖的自尊。

这事只有你能干

人们受到他人的信赖与尊敬时，内心都会感到高兴，即使明知那是拍马屁，但听起来还是感到舒畅。越是自尊心强的人，越有这种倾向。

一般说来，自尊心强者大都很有自信，并且无论在什么场合都认为自己与众不同，不愿和一般人混为一谈。所以，如果你要烦劳他，使他乐意接受一项繁杂且不易为一般人所接受的工作，最好的方法就是触及他的自尊心。你可以在不知不觉中使他意识到"为何不去烦劳别人，却偏要烦劳他"的原因。譬如简单的一句"解决这类难题确实非你莫属"，就能满足对方的自尊心。

某机构的一位人事管理人员，经手过多次的人员下调案件，都进行得十分顺利，丝毫没有引起任何人的怨言。本来分公司多分布于乡下地区，若非特殊情况，很少有人会愿意去。可他到底使用了什么方法，使那些人都乐意去乡下呢？

他是这样做的。他先将那个分公司批评得一无是处，并扬言必须要一名适当的人选去整顿那个分公司。他说："如果这样下去的话，那家分公司迟早会撑不下去的，所以必须尽快设法解决。但并非任何人都可胜任，而必须要有相当能力者方可担任。万一人选不当，对公司会有相当大的影响。"

听者在开始时，虽难免会有被流放的感觉，但是听了一席话后，内

自 尊

——我自横刀向天笑

心会逐渐转忧为喜。因为这种话是在有意无意地暗示：此次重任非常重要，"非你莫属"。

在你的公司里，当你部署下级做事，对持有反弹情绪的部属，这个暗示方法可以起到很好的怂恿、诱导的作用，你不妨用以下语气试一试——

"这不正是你所擅长的吗？数字虽然有点难达到，但可以说是我对你的期望吧！""这件事是非你不能完成的，如果连你都做不到，那谁还能做到呢？"总之，对一位自视较高的人，要用暗示的方法先满足他的自尊心，再委派他做事，就会比较容易。

读过《三国演义》的人一定记得书中诸葛亮对孙权使用激将法的故事。曹操大军即将进攻东吴和刘备。诸葛亮会见孙权，劝他投降，孙权反问诸葛亮："你们刘皇叔为什么不投降？"诸葛亮说："刘皇叔是皇室正统，即使战死，也不能投降曹操狗贼啊！"一句话大大刺激了孙权的自尊心，发誓要与曹操决一死战。

在生活中，激将法往往在儿童和胆汁质的人、争强好胜性格的人身上，作用比较明显。比如一个虚荣心很强的人，去商店看高档服装，商家故意说："这件衣服太贵，您恐怕承受不了。"这个人可能很生气："你凭什么瞧不起我？我有的是钱！"于是价也不还就买下了衣服。

激将法用得好，有很多好处。

有经验的父母懂得，利用孩子的好胜心理，可以促使他们养成良好的习惯。有个孩子每次吃完饭都不爱擦嘴巴，还任性地说："我不喜欢擦。"父母就对他说："你不是说你像白雪公主吗？我看白雪公主就比你干净。"这激起了孩子的上进心和羞耻心，从而使他养成了讲卫生的好习惯。

有些现代企业的管理者也喜欢采用类似的暗示手法，并取得了良好的效果。

某服装公司打算参加一届一年一度的服装节。在派谁去的问题上，老总就采用了这种手段。他让人把市场部杨志叫到办公室，谈到参加服装节一事，故作忧虑地说："这件事派李经理带队最好，可是李经理去广州开会了；吴主任也行，不巧他明天就要动身去北京参加洽谈会。看来找个合适的人还真不容易。"说到这里，偷偷看了杨志一眼，观察他的反应。

身为公司市场部副经理的杨志听到老总一席话，心里很不是滋味，心想："李经理、吴主任有事不能带队参加，但是我有空啊，我什么地方比他们差啊？"想到这里，杨志站起来说道："老总，如果你信得过我，就让我去吧！"

"你？你行吗？"

"为什么不行？这点自信我还是有的。放心吧，我不会让你失望的。"

果然，在规模盛大的服装节上，杨志带领的某服装公司以组织得力、表演优秀受到了组委会及参加者的一致好评，取得成功。杨志在整个组织过程中表现出了非凡的才能。

老总那种怀疑的口气，其实是在暗示杨志：如果他做不到，对他的评价自然没有那些能做到的人高。这就刺激了杨志的自尊心和好胜心，反而主动请缨，并且发挥潜能，把事情做好了。

当然，运用激将的暗示方法，采用"贬"的口气时要把握好尺度，避免使人产生泄气和不被信任的感觉。

心灵悄悄话

自尊心是一面人生的旗帜，需用爱树立，更需要保护。当春风得意时，要牢记天外有天，人上有人，保持一份心平气和的宁静，别高估了自己，以免滋长傲慢习气。

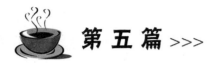

第五篇 >>>

自尊是人生的基石

　　自尊，就是自己尊重自己。自重，就是自己重视自己。其实，自尊与自重，二者属同义异词；于义理的内涵，应该是完全相同的。人人都有自尊，却不太在意自重，而又强调自尊；殊不知，自尊的建立，来自当然的自重；也就是说："要维护自尊，唯有自重。"

　　低调的人处理问题，会把别人的自尊、面子放在第一位，然后再设法将事情导向好的方面。他们在一般人际交往中不会去伤害别人的自尊，也使自己减少很多不必要的损害。

每个人都有自尊

自古以来，尊重必具"贵气"。当然了，这里的贵气并不指名位显赫，更不是庞大的财力，而是有否"可贵"的"气势"，值得他人尊重或重视；这其中，颇具潜移之功、默化之德，于他人是肯定的饶益、绝对的利乐。

因此，古人流芳千秋万世，无不是以重视自己而为他人所尊重，逐渐地建立起从维护的尊重而受他人所重视；否则，自尚不重，谁为之尊，于他，又何尊之有？

大家应该也都看过一篇叫《尊严》的文章，文章讲述了石油大王哈默年轻时的一段经历。

当时的情况是这样子的：由于自然的灾害，哈默随着一个难民队伍找出路。路上一个小镇上的居民看他们可怜，就慷慨地给他们提供了一些食物。难民纷纷迫不及待地吃了起来，只有年轻的哈默没吃。他问给他提供食物的大叔有什么活要干，他不能不付出劳动就接受别人的食物。大叔说没什么活要干，哈默就不吃，最后让哈默给他捶捶背。哈默认真地给大叔捶了背，大叔表示满意之后，才狼吞虎咽地吃了起来。人们施同情于可怜者，致钦佩于自尊者。

无独有偶，周恩来总理也是善于维护国家自尊的人。有一次，有个美国记者看到总理桌子上的美国产的钢笔的时候，问：中国这个泱泱大国，怎么还有美国产的钢笔。周总理笑笑说：哦，这是一位朝鲜朋友给我的，是抗美援朝时期的战利品。美国记者哑口无言。

第五篇 自尊是人生的基石

自 尊

自尊是一个人本身的自我尊重，每个人都有自尊，同时也需要别人的尊重。教育家杜威说过："尊重的欲望是人类天性最深刻的冲动。"

从这则故事当中，作为新世纪的青少年，应该明白的一个道理就是，做任何事情之前，请记得维护自己的自尊。正是由于故事当中的石油大王哈默用一种特殊的方式维护了自己的自尊。最终，他不仅仅是获得了当地人民的尊重，更重要的是，他维护了自己的自尊，并取得最后的成功。

把握自尊的弹性

在日常的生活和学习当中，我们所做的事情，都会涉及一个度的问题。自尊就更是如此。比如说，我们在学习物理的时候，老师也都曾经讲到了弹性：任何具有弹性的物体，都要有一个弹性区间，无论伸张还是压缩，都要在此区间之内，否则我们看到的只会是变形。

在心理学中，我们把自尊定义为一种精神需要，也就是人格的内核。维护自尊是人的本能和天性，当然这里也要有一个度，一个弹性的区间。为人处事若毫无自尊，脸皮太厚，不行；反过来，自尊过盛，脸皮太薄，也不好。正确的原则是：从实际的需要出发，让自尊心保持一定的弹性。那么，我们应该从哪些方面来把握自尊的弹性呢？

第一，就是要从思想上认清自尊的需要和交际的需要两者之间的关系。过于自尊的人，总是把自尊看得很重。因此，作为青少年，更应把看问题的立足点变一下，不要光想着自己的面子，还要看到比这更重要的东西，比如学习、集体、友谊等。除此之外，还应坚持把实现实际的宗旨看得高于自尊，让自尊服从交际的需要。有了这种思想，对自尊就有了自控力，即使受到刺激，也不至于脸红心跳，甚至可以不急不恼，哈哈一笑，照样与同学和睦相处，表现出办不成事决不罢休的姿态，直至交际的成功。

第二，交际过程中要审时度势，准确地把握自尊的弹性，追求最佳效果。在以下几种情况下要特别注意：1. 当你受到冷遇时。有时候，你出现在交际场上，可能被当成不速之客，坐了冷板凳。你的自尊心面临着挑战，但千万别发作。这时你不妨多想一想你的使命、职责，为了完成任务，迅速加大自尊的承受力度。2. 当你被否定时。有时候你花了很大的心血做了一件自认为很不错的事情，满心希望他人肯定、赞赏，可没想到，对方一棍子打过来，全盘否定。这时，你肯定会受到强烈的刺激，继而为了挽回面子，进行辩解、反驳，甚至是争吵。这就大错特错了。因为这样维护自尊、面子，只会使事情更糟，倒不如接受这个事实，效果可能更好一些。

第三，当你受到批评时。有些人一听到批评，自尊心就受不了，特别是当众挨批评更是难为情。此时，要对批评能够正确理解，应采取虚心的态度，这不但不会丢面子，反而会改变他人的看法，给对方留下一个好印象。有时，批评的内容不实，有些偏颇，而批评者又处在特别的地位。这时如果你受自尊心的驱使，当场反击，效果肯定不好。理智一些，不要当场反驳，事后再进行说明，这样处理较为有利。

心灵悄悄话

学会维护自己的自尊，是尊重自己的表现。自尊心，每一个人都应该有，那么，你也会期望得到他人、集体和社会的尊重与爱护。这就是自尊心的正确驱使。

自尊与快乐

在我们的生活中，人人都可能有不如别人的地方，比如长得不漂亮，甚至有生理缺陷。只要我们不气馁，不灰心，不放弃，自己相信自己，自己看得起自己，自己尊重自己，我们就可以通过进一步的努力，找到自己的人生价值，赢得别人的尊重，感受自尊的快乐。

曾经有人这样说过："做人呢，共有四点是绝对不可以缺少的，那就是自尊、自信、自爱、自强。"其中"自尊"是头条，一个人必须尊重自己，不向别人卑躬屈膝，也不容许别人歧视、侮辱。当然也要维护他人的自尊，因为自尊无价。

不仅如此，自尊也应该和快乐是同步的，因为一个人如果没有了自尊，那么，他的生活也必定会失去乐趣。因为缺乏自尊，所以别人就会认为他懦弱、好欺负，就会歧视他、侮辱他。要想让他人尊重你，首先要自尊。

有这么一个班级事例，充分体现了自尊与快乐的关系。

在某一次的班会上，老师要求每一个人都来谈谈自己上学期的不足与这学期的改进方法，但是遗憾的是，始终没有人主动站起来发言，班里鸦雀无声，安静得仿佛往地上掉一根针的声音都能听到。半晌，老师大声指责道："你们该说时不说，不该说时乱说，好钢放不到刀刃上。"随即拿起花名册，点名叫同学发言。

就在这种情况下，鹏超心里忐忑不安，生怕老师第一个叫他，两颊慢慢热起来，心砰砰乱跳，像要跳出来似的。"王某某同学！"还好，不是我。鹏超心里这样暗暗地安慰自己："其实这没什么，只要把自己心里的话说出来就行了！"

就这样，鹏超的心里慢慢地就平静下来了，并充满自信地看着老师。果然，老师下一个叫了他。当他非常流畅地说出自己的想法后，全班同学报以热烈掌声，老师也投来赞许的目光。他满心欢喜地坐下来，感受自尊带给他的无限快乐！

自尊对于青少年来讲是至关重要的。自尊可能会促使一位青少年不断地追求进步，从而从进步中感受到自尊带给自己的快乐。事例中的鹏超正是由于强烈的自尊心驱使，才让他大胆地回答老师的问题，并得到老师和同学的高度赞扬。

青少年必须让自己无时无处地获得快乐，那么要想获得快乐，你就得学会先有自己的自尊。据美国密歇根大学的研究者对快乐的研究中发现：生活满意与否的最好指标不是对家庭生活、友情或者收入是否满意，而是对自我是否满意。而对自我满意与否来源于自尊的获得。

如果一个人在内心深处，并没有对自己有着完全的肯定，那么，即使他还有快乐，也是没有自尊和自信的快乐。相反，如果你肯定自己，在任何情况下都不会对自己失去信心，就根本不会对自己不满意。不管是顺境还是逆境，在你的心中，都有着坚硬的盾牌，保护你的心灵不被坏情绪所侵袭。

我们纵观历史上的大人物，他们无一不是经历了人生的大起大落。可是，他们都能够从容地面对，沉着微笑，这是因为他们对自己的信念充分肯定。有些人总是习惯自我贬低，这是一个对身心极具破坏力的习惯。这不仅打击你做事的自信心，还会扼杀你的独立精神和人格，使你整天萎靡不振，找不到生活的精神支柱。而且会让你失去享受美好生活的能力，因为你会躲躲闪闪，不敢正视生活，不管去到哪里，总是不敢面对别人的视线，总是觉得自己做得不好，那么你又怎能安心地发现和享受生活中的快乐呢？

第五篇　自尊是人生的基石

自 尊

在生活当中，如果你始终保持着对自己的赞许之心，始终充分欣赏自己的生活，诚实、热情、真诚地面对生活，你就会感到无比快乐。这才是真正成功的生活，即使别人认为你是失败者，也无所谓。

在学习当中，自尊和自信更能帮助我们有效地行动。当你接受到老师分配给你的一项工作的时候，你是否觉得有一点吃力，有一点恐惧，担心自己不能很好地完成，害怕会因此被别的同学轻视？如果你是这样想的话，那么你很难把事情完成。只有当你抛开这些顾虑，相信自己能完成，并专注地去解决问题时，你才有可能成功。只要你拥有自尊和自信，你就什么都可以做，什么都可以想，什么都能实现，自尊带给你力量，让你彻底相信自己的能力。

假如你对自己的价值没有把握，你的能力就不会完全发挥出来。哪怕是对自己有些许不满，对自己要干什么或去向何方有疑虑，或者是一点点不自信的情绪，都会产生很大的破坏性。对自己的怀疑是世界上最没有价值的事情。现在就开始肯定自己！你要养成肯定自己的习惯。

自尊究竟是怎么样获得的呢？很简单，就是由于自信。你获得了自尊的快乐，那么，你必定会从自信中得到自我认可。

虽然每一个人都是独特的不同个体，但是，有一个基本信仰却是恒久不变的：那就是不管你想要做什么，保持积极正面的态度，有自尊且有自信，认清自己的梦想，将是获取成功的最基础的要件。

仔细观察身边一些快乐的人，你就会发现：他们一定是一些因为有自尊才有快乐的人。心理学家指出，自尊和自信是持久快乐的重要基础。

自尊是动力之源

自尊就是一种动机，也是人类行为的动力之源。自尊动机因自尊水平高低而有差异，但只要条件适宜，这种差异可以得到改观。自尊是青少年成才发展、实现自我的不竭动力，在青少年成才发展过程中具有积极、重要的作用。

自尊促使你成材

青少年若想让自己将来会有一番成就，就请把自尊当成你成才的动力。在成才的路上，自尊是你必备的武器。著名画家徐悲鸿有一句名言："傲气不可有，傲骨不可无。"这句名言说明了一个简单的做人道理：不要在成绩面前骄傲自满，不要狂妄自大，目中无人，但也不能丧失气节地一味讨好别人，作践自己。

自尊是一个人成才与成功的重要条件。古今中外，凡是有成就的人，无一不是以良好的自尊为先导的。

20 世纪初，徐悲鸿在欧洲留学时，曾碰到一个洋人的寻衅。那个洋人说："中国人愚昧无知，生就当亡国奴的材料，即使送到天堂深造，也成不了才！"徐悲鸿义愤填膺地回答："那好，我代表我的祖国，你代表你的国家，等学习结业时，看到底谁是人才，谁是蠢才！"一年之后，徐悲鸿的油画就受到法国艺术家的好评。此后数次竞赛，他都得了第一。他的个人画展，轰动了整个巴黎美术界。这样令人惊叹的成

第五篇　自尊是人生的基石

就，是那个洋人远远不能及的。

　　这个故事告诉我们：自尊自信是一个人成才与成功的重要条件。一直以来，自尊都影响着每一位青少年的成长，也决定着青少年的创造力、进取心及与他人的关系等。美国心理学家巴巴拉·伯衣博士说："要想具有较强的自尊心，青少年们必须感到自己既能讨人喜欢，又有足够的能力。他必须深信自己的价值，能够应付自己和周围的问题。"

　　简而言之，自尊也称自尊心。每个人都有顾及脸面、维护自己尊严的心理，这是自尊的表现；同时也希望得到他人、集体、社会的尊重与爱护，这也是自尊的表现。正是强烈的自尊心促使徐悲鸿取得了令全世界瞩目的成就。

自尊是成才的动力

　　在我们的日常生活当中，总是会有一些自尊心特别强的人，也会有一些缺乏自尊的人。如果要说起来，这与从小以来的经历不无关系，而且环境与教育也起了很大的作用。很大程度上，自尊就是青少年成才的最主要的动力。

　　自尊事实上也是一种积极的心理品质，更是成功者不可或缺的动力。从某一方面来讲，自尊就是帮助青少年成才的源动力。假如青少年在成才的道路上缺少了自尊，那么，他的成长将会成为一种失败，一种无可挽回的失败。

　　我们为什么会说自尊就是青少年成才的动力呢？这主要是由于一个人如果具有自尊，那么，他就相应地具有一定的自信。自信也称之为自信心。我们每个人都有自己的优点、长处、优势，也有缺点、短处、劣势。认识到这些并能愉快地接纳自己，相信自己的能力和才干，这是自信的表现。自尊自信是正确认识自己的结果。

　　人的自尊心和自信心，是随着个人的成长而发展起来的。到了初中阶段，青少年的自我认识与自我评价能力提高了，自尊心和自信心也增强了。

第二次世界大战期间，德国法西斯的头头戈林曾问过一名瑞士军官："你们有多少人可以作战?"瑞士军官答道："50万。"戈林又说："如果我派百万大军进入贵国，你们怎么办?"答曰："简单，我们就每人开两枪。"

面对这样的情况，瑞士军官能拿出一定的自尊来应对。正是由于自尊，所以在调侃中，他们在精神上就略胜对方一筹。那么，同样的道理，青少年，更应该拿出自己的自尊心来应对成才路上的一切困境。

心灵悄悄话

自尊在你成才的道路上，将占据着非常重要的角色。你必须让自己成为一个有自尊的人。假如你能够做到用自尊来迎接每一份挑战，那么，你就会是成才路上最为出色的一个。

让自尊融入骨子里

你自尊，你最棒

一个人生活在这个世界上，没有人不希望自己是一个成功人士，一个最棒的人。但是每一个人都是很清楚，成功又是不容易实现的，所以很多的人都想找到一个成功的密码。这样，就可以很容易地达到自己想要的目标。然而很多人在寻找密码的过程当中，却因此而迷失了自己，忽视了自己的存在。其实，青少年不能像自由的小猫钓鱼一样，对任何事情都三心二意，要学会做最好的自己，全力以赴去做好自己的事情，学会在自尊中把握自己的人生航线，那么成功不久就在你的面前出现了。

成功不需要大义凛然奔赴刑场的那种惊天地，也不需要义无反顾战死沙场的那种泣鬼神，更不需要舍己为人的那种撼日月的精神，我们只是在需要我们表现的地方好好表现自己，只是在需要我们的时间以及空间里展现我们每一个人的真我风采，绽放我们生命的花朵。我们只需要做好我们自己，就是这么简单，做最好的你自己。

成功没有什么捷径，成功需要尽力而为，只有做最好的自己，全力以赴，才能到达理想的彼岸。看一则小故事，你会从中体会到很多。

春秋时期，齐国有一位著名的大相国，他就是晏婴。此人很有才干。但是他从来不因为别人的言行而改变自我，对自己的做人要求很高，很懂得尊重自己，从而也很受国君的赏识。他虽然地位很高权力很大，却不讲做事的排场，生活也极为简朴。

一次，齐景公有事，正好路过，便到晏婴的房子中找他，这时却见晏婴的住宅矮小，地势低洼，环境嘈杂，于是就想着要给他换一处好房子。晏婴说，这是我父亲住过的地方。我德浅才疏，住这样的房子已是过分，哪能再换新居呢？齐景公见劝不动他，就趁他出使鲁国之机，自作主张为他扩建了住房。

晏婴回国后知道了此事，停车城郊不肯回家，直到齐景公答应恢复邻居和他的房屋，还原其房屋的旧貌才作罢。齐景公又派人给他送来了华车壮马，晏婴坚持不受，他说："我节衣缩食为了给百姓作表率，以免奢靡之风盛行。如果我们君臣都鲜衣良马，老百姓便会仿效而追求享乐，导致品行不端，那时再去禁止就很难了。所以我不能接受您的赏赐。"

由此可见，晏婴是多么的尊重自己，做最好的自己啊。他一生保持朴素的生活作风，不接受任何贿赂，廉洁自我。这种自尊，自我保持风度的气节令我们敬佩。既然古人能做到如此对待自己，做一个这么成功的自己，令自己成为一个很棒的人，那么为什么我们却不能呢？

自尊，就是我们在做每一件事情的时候，为自己想好以后的路，以后自己该做什么，不该做什么，做事情有什么重要的意义。结果就是我们告诫自己应该尽自己最大的力量去做事情。

作为一名中学生，我们应该全力以赴地为学业而奋斗。虽然我们在全力以赴的过程当中会经历许多顺境和逆境，无论在最后能不能成功，或者我们取得的成绩不知道在别人眼里算不算成功，但是我们会因为我们全力以赴的付出而更加自信和快乐。因为我们学会了把远大的理想变成具体的奋斗目标——做好每一件事，快乐地过好每一天。我们不能确定自己将来能否获得大部分人崇敬的名和利，但对于我们自己而言，就是不断地做成功的自己，尊重自己。

第五篇　自尊是人生的基石

113

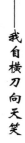

自尊，做最好的自己

每一个人都是生活的一部分，就像世界上没有两个完全相同的叶子一样。每个人先天的潜力和自身的素质都不尽相同，而且对于自己后天的培养以及每个人自然形成的差异也是很大的。在这样的先天和后天的情况下，找到真正的自我，做最好的自己，相信自己就是世界上最棒的人，就是一定意义上的最大成功。

青少年正如冉冉升起的朝阳、枝头的蓓蕾，在显示蓬勃的朝气的同时，要学会锻炼自我，不应该将自己当成是温室里的花朵顾影自怜，应该让自己学会去判断事物，去增长对事物的认知能力。这样，你们就可以自由地在人生这片天空中施展自我。

青少年朋友做事情不能患得患失，要有勇气做应该做的事，也要有勇气改变可以改变的事情，更要有勇气接受这些事情可能带来的困难。但是，如果你相信自己，相信自己的决定是正确的，那么困难就一定会低于我们的想象。我们要学会不畏艰难的精神。一个能真正看清自己的人，面对自己的人，才能把握住自己。只有把握住了自己，才能把握住别的人和事，然后才能不断地超越自己，从而把握住成功。

所以其实成功的道理也很简单：看清自己，把握住自己，不断地超越昨天的自己，你就成功了。

做一生中的最成功的人物，无论自己遭受任何的磨难，自己仍旧相信自己是最好的，尊重自己的人生选择。如果你被自己击垮了，那么你将是一个违背自己内心的人。

责任感可以赢得尊重

大千世界，无奇不有。任何事情都存在着双重性。当然也包括人们的日常生活了。人的价值包含两方面的意义：一方面是个人对社会的责任与贡献，另一方面是社会对个人的尊重与满足。我们只有做到负责任、讲信用，才能赢得别人的信任与尊重。责任感可以养德，责任心更可以树德。我们在注重自身发展的同时也要乐于承担责任，才会赢得大家的尊重和支持。

一个缺乏责任感的人，不会得到社会对他的认可，也不会得到别人对他的信任与尊重。

在我们的集体中，我们需要尊重他人。当他人遇到困难时，我们要主动提供帮助，别人愉快时与他分享，别人痛苦、失落时候与他分担；当我们不愿见到的结果出现时，我们应该及时总结经验和教训。这些都是我们具有责任感的一种表现，别人才会因此尊重我们，同时我们也能赢得更多的朋友。

自尊就等于有了责任

自尊就是在自己尊重自己的前提下去拥有一份属于自己的义务。义务不是相对的，是绝对的。它是人类身上赋有的责任表现。有了自尊，就等于有了自己的责任，无论你做什么事情，都要肩负自己的人生使命，尽到一定的做事的责任。

一个人如果想迈进成功的大门，就必须拥有一张门票——责任。什

第五篇　自尊是人生的基石

么是责任呢？责任是指一个人愿意对自己的行为负责，是自觉对他人、集体、社会承担责任和履行义务的态度。责任心是由心底自发的一种自觉自愿的义务，表现在行动上就是集体的事我有责任去管，有义务去做，并且不做损害集体利益的事情。有时自身的发展和承担集体责任之间可能会产生冲突，我们在发展自身的同时，绝不能无视集体的责任，置大家的利益于不顾。勇于承担集体的责任，为集体做贡献，这不但是我们的使命，也是我们自身发展所必须具备的。

曾经看过这样一个故事，很有意义，拿出来和大家分享。

一个中国人到瑞士访问，在去洗手间时，听到隔壁小间里一直有一种奇特的响动。由于这响动声音过长，而且也过于奇特，因此不知不觉中引起了他的好奇心。

他很想搞清楚到底是什么声音。于是在好奇心的驱使下，他便通过小门的缝隙向里探望。这一看使他惊叹不已。原来，小间里一个只有七八岁的小男孩正在修理马桶的冲刷设备。他便上前问小男孩在干什么？一问才知道，原来是这个小男孩上完厕所以后，因为冲刷设备出了问题，没有把脏东西冲下去，因此他就一个人蹲在那里，千方百计地想把它修好。而当时他的父母、老师并不在身边。没有人强迫他一定要把它给修好。

这件事令这个中国人非常感慨：一个只有七八岁的小男孩，竟然有如此强烈的负责精神。这在我们中国别说一个只有七八岁的小孩，就是一个成年人估计他也不会这样做吧。因此培养自己做人的责任感十分重要。一个人如果没有起码的责任感，就算他学的知识再多、再广，那么又能有什么用呢？所以，让我们像那个小男孩一样，从现在开始培养责任心吧！

这位小男孩的责任感值得我们赞叹，他已经把责任感作为指引他行为的习惯了。我们从这件小事上可以看到小男孩的道德观念。小男孩的这种责任感也是我们一直提倡的诚信。他的美德将赢得所有人的尊重和赞誉。

我们在学习小男孩身上美德的同时，更应该用自己的行动来证明自己是充满责任心的。我们拥有承担责任的勇气和能力，拥有智慧和理性，我们是胸怀民族命运和尊严的新一代。作为中华民族的新一代，我们将会让世人更加充满期待。我们要用我们的爱国热情和甘愿为祖国奉献一切的爱国之心，为民族振兴做出更大的贡献。但是，仅仅有热情是不够的。我们必须付诸实际行动来为祖国赢得更多的尊重，当前，最需要做的就是要刻苦学习科学知识，为将来建设祖国打下坚实的基础。

要想赢得别人的尊重，首先要具备赢得别人尊重的资本。从我们自身来讲，我们要想赢得别人的尊重，首先要学会尊重别人，关心别人，帮助别人。从国家这个角度讲，如果我们想为自己的祖国赢得尊重，那么，就要学会承担起建设祖国的责任，只有把自己的祖国建设强大了，才能得到别人的尊重。

增加自己的责任感

每一个人都拥有责任感，因为它是人与生俱来的能力，而有些人却没有尽到自己的责任。托尔斯泰曾说过，"一个人若没有热情，他将一事无成，而热情的基点正是责任心。"责任心，赋予你鞭策、激励、监督自己的力量。责任心是一个人能够立足于社会、获得成功事业与幸福家庭至关重要的人格品质。从这个意义上而言，责任心就是竞争力。谁都有机会成为成功者，只要你保持责任感，拥有一颗高度的责任心。

作为一名中学生，你们应做到文明好学，不打架斗殴，上课仔细听讲，做作业认真细心，不缺交或抄袭其他同学的，其实我们应该做的事太多了，而有些人却一样也做不到，甚至连想都没有想过。

记得梁启超曾说过这样几句话："凡属我受过他的好处的人，我对这个人便有了责任。凡属我应该做的事，而且力量能够做到的，我对于

117

这件事便有了责任，凡属于我自己打主意要做的一件事，便是自己对于自己加一层责任。"我们应该向他看齐，以他为榜样，做一个有责任感的人。

责任重于泰山。让我们共同成长，共同拥有责任感吧！

青春时期，保持自己的责任感十分重要。特别是青少年时期的学生。如果你们有了一定的责任感，那么你就会对自己的人生有一个很好的规划，那时，你也不会因为学习或是生活而愁眉不展。相反，责任能带给你无穷的人生乐趣。

学会自尊，承担相应的责任，世界将会是多么美好！

心灵悄悄话

责任是人的一生中最积极的生活态度，是珍重自己、关爱他人、热爱生活、创造未来的表现。具有责任感，我们便会积极地对待学习和生活，便会有勇气克服困难。反之，如果一个人没有责任感，那么即使他有再大的能耐，也不一定能做出好的成绩来。

塑造自尊的品质

修养是个人魅力的基础，其他一切吸引人的长处均来源于此。

修养是指一个人为人处世的正确态度，以及在艺术领域的水平造诣，是一个人综合能力与素质的体现。假如说，塑造自尊品质需要靠多方面的努力才能实现的话，那么个人修养的提高则关键在于自己。

加强个人修养

修养是文化、智慧、善良和知识所表现出来的一种美德，是崇高人生的一种内在的力量。讲究情操修养，是我们中华民族的好传统。我国古代就有"修身齐家治国平天下"的说法。

加强个人修养能够提高个人素质，体现自身价值。青少年若要塑造自尊品质，就要从加强自身修养开始。

第五篇　自尊是人生的基石

一位相貌平平、普通的女孩，在得知妈妈患了不治之症后，为了能够减轻家里的经济负担，就准备在暑假时去打工。她到一家公司去应聘职位。经理从简历表上知道，她仅是一名在校的中专学生，成绩平平，也没有实践经验，就毫不犹豫地把她拒之门外。女孩在收回自己简历站起来的那一瞬间，因为不小心手掌被椅子上的一颗钉子扎出了血。女孩见桌上有一块石镇纸，便用它将钉子敲平，然后转身离去了。当那个女孩还没有走出公司大门时，经理追了上来，对她说她被聘用了。使经理的态度做出改变的原因，正是女孩在一件很细小的事情上，体现出对别

人的体贴与关爱。

在那位经理看来，女孩所展现出的是一种良好的自身修养。俗话说，品质好重于知识多。一个有良好修养的人，亲和力也会比较强，与人合作的机会会更多，能够给自己的成功带来好的运气。良好的修养，正是指一个人为人处世的态度，是一个人的综合素质和能力的体现，与此同时也是个人魅力之所在。

一个人的外貌是天生的，是很难改变的，可一个人的修养是可以培养出来的。只有从个人的言谈举止、为人处世的良好修养学起，才会做到一个有良好修养、有高尚品位的人；只有不断加强自身修养，才能塑造其自尊的品质。

为什么有些人在说话、举手投足，甚至微笑或者问候，甚至是接听电话都会给人一种很美妙的感觉，而有些人则恰恰相反。这里面关系到一个人的修养问题。有的时候，优雅和礼貌并不完全是做给别人看的，事实上从内心深处，我们每一个人都很欣赏这样的美。并不一定外表长得很好看；并不一定拥有一块名牌手表，或者一副很好的嗓子，稍加注意，有修养的人就会在普通人中脱颖而出，这就是个人的魅力！

青少年若要加强自己的修养，首先要从"改"做起，从"受"做起，从自我要求做起。那么究竟要怎么"改"，怎么"受"呢？

1. 应该改言、改性、改心：人与人之间的沟通最基本的就是语言。如果我们说话没有艺术，或是说话不得当，就很难得到别人对自己的好感。在性格上假如习气很重，恶性不除，坏心不改，心里面的邪念、嫉妒、愚痴、傲慢不改，就很难在道德、修养上有所加深。因此，青少年应该学会不断地改，要改言、改性、改心，这样才能得到不断进步。

2. 应该受教、受苦、受气：在人生的道路上，有些青少年为何能不断地进步，而有些青少年则不进反退呢？问题就是他不能接受。和学习读书是同样的道理，有些青少年容易进步，因为他乐于接受；有些青少年容易退步，因为他一直在排斥。我们在加深修养的过程中要学会受教，受教就是把东西吸收到自己心中，然后把它消化成为自己的思想。

我们不仅仅要受教，并且还要受气，如果一个青少年只能接受人家的赞美，是不能给自己增加力量的，还应该学会接受别人的批评、指导，乃至伤害，能受苦、受气，才会得以进步。

3. 应该思考、思想、思虑：不管什么事情都必须三思而后行，思想是智能，任何事情在经过深思熟虑后再去做，必定能事半功倍。

4. 应该敢说、敢做、敢当：有些青少年不敢表达自己的想法，有意见的时候不敢在大众面前发表，只会在私底下议论纷纷，遇事不敢承当也不敢做。不敢担当就不会负责，不会负责就无法获取别人对自己的信任。因此只要是好事、善事，我们就要学会敢说、敢做、敢当。

一个人的魅力体现在修养上，而修养来自细节。行为养成习惯，习惯形成品质，品质决定命运，从身边的事做起，从细微处着手，千里之行始于足下，九层之台起于垒土。青少年应该学会识大体，拘小节，从自己的一言一行开始，努力提高个人综合素质，成就自己的魅力人生。

尊重他人是一种修养

尊重他人是自身修养的反映。尊重他人和他人尊重自己是对等的，一个人如果不能尊重他人，就必定很难得到他人的尊重，走入社会必然寸步难行。

"尊重"这个词听起来、说起来容易，做到却很难。"尊重"是一种很高的修养，是由里而外透射的人格，而这种人格是需要修炼积累的，这也成为衡量一个成功人士的标准。能否尊重他人是一个人自身修养的集中反映。只有尊重他人，才会得到他人的尊重。生活工作中每一份尊重的给予和接受都会产生积极的效果。

曾经有这样一件事情：有两名干警在一次会议中因为别人误解了他们，在会议中竟然砸了桌子，摔了杯子，正常的工作秩序被严重地扰乱

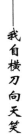

了。有人主张给他们处分，把他们调离所在岗位。检察长不认同这个意见，建议把他们留下来，经过帮助和教育再做处理。结果这两位干警在一年后，一个受到了上级的嘉奖，一个成了办案能手。这位检察长有条规矩：与干警谈心时，首先给对方倒一杯热茶，然后与他坐在一起，面对面地交流。他说："干部尊重人、理解人，不是谁怕谁，而是职业要求你学会尊重，只有这样，才能开启干警们的心灵之窗。"

在现实生活中，每个青少年都需要得到友情，得到关心，得到帮助。一生中有几个同甘共苦、倾心交谈的朋友是许多青少年所渴望的。与人相识、相交，最重要的一条就是要学会尊重他人，就是所谓的"人敬我一尺，我敬人一丈"。你若想得到他人的尊重，那你只有先尊重他人，这样做同时也会体现出你是一个有修养的人。

所谓"树要皮，人要脸"。"要脸"就是特别关注自己的形象在别人心目中是什么样子。别人是否能够尊重自己，是自我形象在别人眼中的样子的重要表现。因此，在与人交往的时候，必须学会尊重他人。

尊重他人是一种品质，一种修养，一种对他人不卑不亢、不仰不俯的平等相待，一种对他人人格与价值的充分肯定，也是自己修养的一种体现。

修养是人的一种素质和品位。遗憾的是：在现实生活中，真正有修养的青少年并不多见。甚至，连有品位的青少年也很罕见。而修养恰恰是建立在品位的基础之上。有些青少年梳理精致，穿戴整洁，精神清爽，可却沉默寡言，没有斗志，了无情趣。这体现了他的素质不够。有些青少年很少提升自己的综合素质，只会一味追求精致的生活，以情操和态度入世。这体现了他的品位不足。随着社会人口整体素质的提高，素质低也无品位的青少年在现实生活中日益减少，可他们却极具破坏性。这些青少年不学无术却喜欢评头论足；胸无点墨却不求上进，进而传导是非。

纯真的良知和理性在修养中流动着，它不会因为一时的焦躁和激怒而失之过甚铸成大错；不会使青少年盲目地为情绪上的冲动而丢掉道德上的约束；它会用一种宽容与自律的心境审时度势，洁身自守。

假如说修养是一种精神，那便是一种令人高山仰止、倍觉浩渺宽阔的精神；假如说修养是一种智慧，那便是一种不乏博大深邃的智慧；假如说修养是一种姿态和风度，那一定是一种"君子化"的姿态和绅士般的风度！修养是一种境界。它不仅是涵养、素质、品位的集中体现，还是青少年自尊的外在表现。青少年只有具有自尊的品质，修养才会随之升华；修养升华，其自尊才会更好地展现出来。

"相逢一笑泯恩仇，一切尽付笑谈中"是豁达的修养，豁达的修养会宽阔自己的胸襟，涵养自己的性情；"知之为知之，不知为不知"是诚实的修养，诚实的修养创造人格的伟大与高尚；"春风大雅能容物，秋水文章不染尘"是超脱物欲的修养，这种修养能使青少年在利欲的大潮中保持一份安静与美好的心境，得到快乐与幸福的秘诀……青少年应该不断加深其自身修养，只有这样，才能更好地塑造自尊品质。

心灵悄悄话

修养是一座永不沉没的人性的方舟。在这座方舟上即便庸俗的流水在舟底暴涨翻滚，也只会将蒙昧心灵之上的尘埃、腐枝败叶冲刷殆尽，使高尚圣洁的灵魂永远保持自己的高度！

第五篇　自尊是人生的基石

自卑成就了自尊

俗话说："人无完人，金无足赤。"世界上没有什么是十全十美的，通常人们所说的完美也只是相对而言的，因此，缺陷在我们的生活中无处不在。而人们常常说的"完美人生"其实也并不完美，正因为这种不完美才会使人有情感，正因为这种不完美才会使人不断前进。在弥补缺陷的过程中，当我们收获到意想不到的成果时，这其实何尝不是一种美呢！事实上，每个人生活在这个世界上都不可能避免缺陷，只要你能坦然地面对缺陷，它就是美好的。也有人说："不完美的人生才是最完美、最充实的人生。"只有这样才会利用自己的不完美把自己改造得更完美。如果你自认为你的人生是完美的，那你的人生也将会是没有意义的一生，因为你已经完美了，对其他的所有都无所谓了。可见，缺陷的确是一种美，即使不美也会变得更加完美。

缺陷也是一种美

心理学家指出："一个先天的缺陷，往往会造就他后天在某一方面的成就。因此，这样的缺陷，被称为'高贵的缺陷'。"也许你会说那些都是名人们，像我们这样的人有多少会有那样的幸运呢？其实并不是这样，生活在同一片蓝天下，每个人都是掌握自己命运的舵手，即使你有大的缺陷，也有可能扭转你的命运。

断臂的维纳斯刚被发现的时候，就轰动了世界。人们不仅为她的美所倾倒，更是因为她那失去的双臂而惋惜，同时也表示了无限的同情。

　　有一天，所有的雕塑家都收到了一封信，说如果谁能给维纳斯镶上最完美的手臂，那谁就能成为全世界上最伟大的雕塑家。得知这一消息后，每一个雕塑家都冥思苦想，力求最完美，直到截稿那天，研究所收到了很多很多的作品：其中有的手捧着鲜花，有的手握着利剑，有的手托着白鸽，也有的双手交叉放在胸前……但这些方案都没有被采用，因为这些都是不现实的，因为人们已经习惯了断臂的维纳斯。最终，维纳斯至今仍然是没有手臂的。试想，如果当时维纳斯被镶上了手臂，那么后来的人就不会再被她特殊的美所吸引，更不可能会为她的缺陷而表示同情，也不会对她有着幻想，不会……

　　维纳斯最终还是维纳斯，她就是那个有着缺陷的美人！尽管她是有缺陷的，但她是美的，因为世界上没有什么是十全十美的。任何事物、任何人都有着自己的长处，也有着自己的短处。

　　是的，残缺也是一种美。生活中人人都在追求完美，但绝大多数人却忽略了残缺的美，忽略了真实的美。殊不知这种残缺的美不失为真正意义上的一种美。

　　在美国有这样一位著名的主持人，他的右手只有四个手指。之前，他曾找过许多工作，但都被拒之门外。直到他有机会做一次实验性主持时，他摘掉了那副仿手套，把自己真实的形象展现在广大观众的面前。意想不到的是，他的举动赢得了观众的赞赏，这不仅没有阻碍他成功，反而与他的魅力联系在了一起，变成了他独特优势的一部分。在很多人看来，最不完美的应该就是生理上的缺陷了，就像以上故事中所说的手与臂，但这既然无法挽回，为何又要去掩盖这种真实的美呢？事实上，生活中，只有真实的美才是最美的。

如何看待缺陷

人人都知道世界上没有十全十美的事物，这样那样的缺陷无处不在我们的身边。人们常说的祝愿话"万事如意、事事顺心"，其实只是人们内心美好的一种祝愿。人生之事不如意十有八九，这些都是客观事实。如面对生活中的失败，有的人是恐惧的，是灰心丧气的，对生活也失去了信心与希望，而另一些人则可以从缺陷中发现自己别样的美。

有一个农夫每天要走一条很长的路去挑水，但由于过于贫困只能有一只桶是好的，而另一只则是漏水的。这只漏水的桶觉得很对不起主人，很希望把自己换掉，因为每次主人把自己挑回来时，里面的水只能剩下一半。

一次，在农夫挑水回来的路上，看着他每天走的路对这只桶说："你看到这条路的两旁了吗？一边是光秃秃的，另一边却长满了花草，还有飞来飞去的蝴蝶蜜蜂。这些都是你的功劳，如果没有你，就不会有这些漂亮的花草。虽然每次回去你只能装一半水，但你却为大家创造了一个更美好的世界。"

青少年朋友，现在你发现了吗？残缺又何尝不是一件好事呢！它其实也是一种美，一种让人深感个性化的美。它就像一个圆，如果把它无意分成两半，再使它们各自去寻找自己的另一半，当它们找到彼此即使重新组合在一起，也无法恢复原本的样子了。如果你把镜子摔碎了，即使把它们重新组合在一起，也不会有原来的效果了。但如果两个半圆或是两个不同形状的镜子则可以给人们一种新的启示，使人们发现更加美好的其他事物。

生活中的失败，并不可怕。因为失败过后，可以使自己积累更多的经验，为下次的胜利奠定基础。所以，我们应该学会欣赏缺陷美。汪国真在《失败》中这样写道："不必怕一败再败，只要最后赢了；不必喜一胜再胜，如果最后输了。不怕失败，只怕失败后再也站不起来。"

"鸟美在羽毛，人美在心灵。"是啊，其他的不完美事实上都称不上不完美，只有心灵不完美才是真正的不完美。因此，没有必要为了所谓的不完美而气馁，只要我们坦然一些，即使缺陷也是美丽的。

青少年朋友们，请用一种平和的心态去审视自己的不足，去欣赏自己的不足，相信"缺陷不是负担，缺陷也是一种美"。因为在某一特定的事情上，你也许就会发现，你所谓的"缺陷"并不是缺陷，而是一般人都不能做到的，恰恰只有你可以成功，可以办到，这何尝不是另一种成功、另一种美呢！

心灵悄悄话

每个人都有这样或那样的缺陷，很多时候一种缺陷会激励你发挥出更大的业绩，把你推向成功的顶端。所以不要因为自己的一些不足而悲观失望，也不要因为自己的缺陷而郁郁寡欢。

第五篇 自尊是人生的基石

第六篇 >>>
做个有自尊的人

　　自尊自爱，作为一种力求完善的动力，是一切伟大事业的渊源。

　　自己，是一个人的个体所在。自己的成功是一个人懂得去追求一个全新的自我。很多人都是很想成功的，但是往往事与愿违。成功不是纯粹的事情，要想做一个成功的人也是需要很多的因素的。做最好的自己，学会在人生磨难中站起来，你需要自尊。

　　很多时候，我们正在用神态、语言、动作去指责别人的错误，你以为别人会没有反应、欣然接受吗？

换个角度维护自己的尊严

1915 年 1 月，也就是"一战"爆发后的第二年，美国政府没有批准当时的国务卿布莱恩到欧洲出任美国和平密使，而是任命豪斯去做这件事，并且，将这个消息告诉布莱恩。

这是一次棘手的会面。豪斯在自己的日记中记述道："他听说是派我去欧洲充任和平密使而不是他时，脸上很明显地显得十分失望。他说他已经为这次使命做了很长时间的准备……

"我对他说：'总统的意思是，无论是谁都不适合接受正式的任命。因为这样一来，人们就会广泛注意他，会对此感到奇怪，他为何要到那儿去？'

"听了我的话，他就慷慨地说：'如果政府不能正式委派他出使欧洲，如果一定要采取非正式的方式，那么你一定会是最合适的人选……'"

那个"非正式"任命的密使只是借口罢了，但是豪斯的这句"会广泛注意……"，无疑安慰了布莱恩的自尊心。就这样，豪斯巧妙地、自然地治好了这位国务卿的心理创伤。

豪斯知道，给人带去坏消息是一件棘手的事，因此豪斯把重点放在使布莱恩意识到自己地位的重要上，让他感觉自己的任何举动都能引起人们"广泛的注意"。这样，豪斯暗示了对布莱恩的尊敬，维护了布莱恩的自尊心。

聪明的人在必须传达给他人一个坏消息或者必须粉碎他人的希望

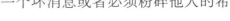

第六篇 做个有自尊的人

时，会想方设法不让他人有耻辱的感觉。可是许多人都不明白这一点，一见到他人没有成功，就会不由自主地犯自我膨胀的毛病，这样可能被对方认为是幸灾乐祸而怀恨在心。

因此，当你想在最后说"不"的时候，最好先奉承对方，满足对方的自尊心。这样一来，对方就更容易接受你所说的"不"，而不会产生心理不协调。

比如，遇到有人来洽谈生意时，高明的生意人并不以商谈的主题来赞美对方，却赞美对方会说话、头脑好，或是行销手法好、工作认真等，就是在主题之外去赞美对方。

对方即使知道这是在奉承他，也不会感到不愉快，甚至会回报对方的赞美，结果就演变成了以赞美互相应酬的情形。这样，因为事先暗示了对对方的尊重，即使最后有一方被拒绝，心理上也不会感觉不舒服。

还比如，拒绝别人的时候，说一句"我恐怕不能胜任"，可以暗示对方的要求比较高，自己无法达到。这种拒绝抬高了对方的地位，令对方比较容易接受。

尤其是在相亲的场合，拒绝对方时，如果以"我真的不敢高攀""你真的很优秀，我恐怕不能匹配"等说辞为借口，就可以在不伤害对方的情况下达到目的。

装糊涂，不接招

余小姐年轻又漂亮，她的美貌倾倒了公司里许多男士，那些未婚小伙子争先恐后地向她射来丘比特之箭。余小姐虽然单身，但她面对接踵而来的情书，感到难以招架。

她走出大学校门时就下决心，事业不成功之前就不解决个人问题，所以她一心一意扑在工作上。但是，那些各种方式的求爱多少对她形成了干扰。而她又不愿对同事明言，担心影响关系，使自己的事业受阻。

一天，又有一位青年给她送来了情书。她拿着情书，坐在电脑桌前，心情难以平静，不知该用什么方法拒绝。忽然她灵机一动，想了一个办法。

她花了三个休息日，把所有的求爱信打印出来，然后连同底稿交给了当事人，同时微笑着对他说："你让我打印的材料，我帮忙全部都打好了，现在交给你。不过，以后我就没有工夫再帮忙打印喽。"

求爱的小伙子明白了余小姐拒绝的意思，此后就不再给她写情书了。她从此轻松起来，一心投入事业之中。

余小姐利用这种装糊涂的拒绝方式，暗示对方不要追求自己，没有伤害对方就达到了拒绝的目的。

在外交场合，使用这种暗示的拒绝方法也非常有用。

1972 年，美苏举行关于签署限制战略核武器的最高级会谈时，基辛格向美国代表团的随行记者介绍情况："苏联生产导弹的速度大约是每年 250 枚。先生们，如果在这时把我当成间谍抓起来，我们应该怪谁呢？"

美国记者立即接过话头发问："我们的情况呢？我们有多少潜艇？我们有多少潜艇导弹在装配分导式多弹头？"

面对这个提问，说不知道，那是撒谎；说出实情，那是违法。基辛格沉默了一会儿，说："我们有多少潜艇，我知道；我们有多少潜艇导弹在装配分导式多弹头，我也知道。"

记者们以为得计了，不料基辛格博士话题一转问记者："我的苦处是，我不知道这些数字是不是保密的。"记者们马上嚷嚷："不是保密的，不是保密的！"基辛格博士随即反问："不是保密的吗？那你说是多少呢？"

一个反问，使记者们哑口无言。基辛格博士的反问"不是保密的吗？那你说是多少呢？"实际是让记者钻进了设置好的圈套里。

假装不知道答案，就避免了直接拒绝对方，但是又暗示对方，这是不能说的，使对方认识到不应该问这个问题。

开个无厘头的玩笑

陈毅同志在外交界素以坦率著称。有一次，一位西方记者在招待会上突然问陈毅："中国最近打下了美制 U－2 型高空侦察机，请问用什么武器？是导弹吗？"

遇到这样涉及机密的提问，一般可以用一句"本人无可奉告"来回答，但是陈毅却没有用这种方式。他举起手在空中做了一个动作，告诉记者说："我们用竹竿把它捅下来的呀！"

结果一阵哄堂大笑，记者们在笑声中被折服了。

这个问题虽然也可以严正地拒绝回答，但是用一个玩笑来拒绝，使气氛更加轻松、友好，同时也暗示了拒绝回答的意思。

开玩笑，就是故意不往正题上说，别人听了，就会明白你是在拒绝，在一笑之中心领神会，就不会再问了。

英国首相丘吉尔也是运用这种方法的高手。

在丘吉尔即将退位的时候，英国国会为了纪念他在保卫英伦三岛做出的卓越功勋，拟通过一项提案，就是在公园塑造丘吉尔铜像，以便让世人景仰。但是丘吉尔听说后，认为没有必要，就拒绝道："多谢大家的好意——我怕鸟儿喜欢在我的铜像上拉屎，还是免了吧。"

这一幽默的委婉推辞，使大家感到他心真意诚，于是国会尊重了他个人的意愿，撤销了提案。

丘吉尔的这句话没有说"不"，因为对方的提案是为了彰显他的功绩，如果直接拒绝，岂不是拂人好意？但是他又觉得那个提议没有必要，于是用玩笑委婉地暗示了拒绝。

对别人的抬举或好意，往往可以用这种方法加以拒绝。

国学大师钱钟书最怕被宣传，更不愿在报刊上露脸。有一次，一位英国女记者因为看了钱钟书的《围城》，想去采访钱钟书。

她打了很多次电话，终于找到了钱钟书，要求见他，但钱钟书执意谢绝。在电话中，他对那位女士说："小姐，假如你吃了个鸡蛋，觉得味道不错，何必要认识那个下蛋的母鸡呢?"

这个玩笑暗示了拒绝，也表明了拒绝的原因。

心灵悄悄话

拒绝，是一门学问和艺术，能体现出个人品德、性情和修养。一个懂得用幽默的方式拒绝别人的人，能够使别人在被拒绝时，一样感觉到你是善意、婉转而真诚的。

第六篇　做个有自尊的人

做生活的演员

　　小时候，你是爷爷奶奶手心里的宝。虽然身上没有披着黄袍，脚上也没有穿着高高的像花盆一样漂亮的马蹄底鞋子，然而在他们的眼里，你却是个小皇帝抑或是小格格，时而张牙舞爪得像将军，时而可爱甜美得像公主。因为你的存在，他们快乐着。后来，你上学了，爸爸妈妈为了更好地照料你的生活与学习，把你接回了家中。虽然也会因调皮而受到父母的责备，但你依然是他们的掌上明珠。大把大把的玩具供你娱乐，成堆成堆的零食让你解馋，他们也因为有你而生活得倍加充实。再后来，你长大了，到了外地读书，到了外地工作，在繁华的都市中，遇见了一个爱你的恋人，于是，你成了恋人手心里的宝。

　　你还在家乡的时候，因为有至亲的呵护，就像掉在了蜜罐里，你的快乐很单纯。如今身在异乡，假如没有亲密的恋人，你又会是谁手心里的宝呢？在外拼搏，难免会遇到各种各样的不顺与挫折，没有了家人悉心的安慰，有时候就会陷入自我消沉的情绪之中。用酒精将自己麻醉，让红绿的灯光把自己包裹，偶尔沉沦受罪的不仅是自己的心灵，身体也跟着遭殃。在意志消沉的时候，你是不是又想起了远方的亲人，是不是又想起了把你放在手心里当宝贝的爷爷奶奶和爸爸妈妈？他们的爱是那样的深刻，让你觉得无以为报，然而在他们的心里，却只要求你在他乡能够更加爱惜自己。

　　身处都市的现代人，生活充满了迷失、彷徨、焦虑等许多负面的情绪，甚至对自己的生活不满意，对人生目标也模糊不清，终日浑浑噩噩，过一日算一日。更有甚者，任意挥霍着自己宝贵的生命。青春有限，生命无价。如果我们不能将心窗打开，彻底了解自己，珍爱自己，那么，我们永远都不会过得更好。

人都希望愈过愈好，虽然"好"的定义因人而异，但是，无论如何我们都不应失去这种"希望更好"的心情。

如何才能使自己过得更好？建议从两个角度去思考：一是你追求的方向是否有误。也许你自认为得到很多，但得到的却不是自己想要的，以致愈来愈深陷泥淖，无法自拔。因此，了解自己很重要，切莫去盲目追求一些东西——财富、权力、名位……得到了又怎么样？如果那不是你真正想要的，纵使得到了也不会快乐。二是知道自己要什么，却不愿去追求。当然，这牵涉到人的惰性等性格上的弱点。因此，坐困愁城，长吁短叹，一切只因缺乏突破的勇气与积极的行动力所致。

一无所长的人只好借助于别人来证明自己的存在。例如，说什么"我的一个中学同学最近在新闻界很出名，前两天还上了电视""我叔叔的一个朋友是个大学教授"。尽管他们想通过各种手段来表现自己，但结果适得其反，只能使自己显得更加渺小。

人世间最大的不幸莫过于厌世。如果不快乐地、充满希望地接纳自己的话，生命就失去了意义。

人生的第一信条就是珍爱自己。应该知道，你在世界上独一无二，即使找遍整个地球，也只有一个你。仅此一点你就有了足够的存在价值。要感谢上天赋予你生命，珍爱自己。

一个在孤儿院成长的小男孩，他对世界有着悲观的态度，经常满脸愁容地问院长："就像我这样的没有人要的小孩子，活着又有什么意义呢？"院长听了小男孩的问题后并没有直接地给予他回答，只是微笑。

有一天，院长给了小男儿一块石头，让他拿到市场上去卖，但却嘱咐他无论别人出多高的价钱，都不能卖。小男孩疑惑地去了市场，准备"卖"他的石头。让小男孩惊奇的是，居然有很多人都对他的石头感兴趣，而且人们的价钱出得越来越高了。到了第三天，石头的价钱在黄金

自 尊

——我自横刀向天笑

市场上竟然高了 10 倍。又过了几日，当小男孩拿着石头到了宝石市场时，价钱又涨了 10 倍。由于无论别人出多高的价钱小男孩都不卖，所以这块石头被人们传为"稀世珍宝"。后来小男孩去找院长询问其中缘由，院长给了他这样的回答："生命的价值其实就像这块普通的石头，不同的环境下，这石头就有着不同的意义与价值。一块看上去并不耀眼的石头，因为你的珍惜而提升了它的价值。你不就是这样一块石头吗？只要自己爱惜自己，你的生命就有很大的价值和高贵的意义。"

　　一位哲人曾这样看待生命："珍惜生命，因为生命是你自己的。不过我现在要说，珍惜生命，因为生命不只是属于自己，也属于爱你的每一个人。"是啊，父母将世上最珍贵的东西给了你，如果你连自己都不爱惜，那么又如何能够爱他人呢？属于你的生命只有一次，这生命的旅程非常短暂，有欢乐与甜蜜的交融，有进步与成长的辉映，更有痛苦与矛盾的交织，荆棘与坎坷的密布……

　　或许你是伟大的，或许你是平凡的，或许你正处于悲伤之中，或许你刚刚受到上天的眷顾……请记住：无论在怎样的环境之下，得意也好，失意也罢，做自己手心里的宝，因为你是独一无二的，也因为你有着独一无二的价值，对他人，抑或是对自己。

心灵悄悄话

　　每个人都有值得夸耀的东西。如象棋下得比别人好，字写得比别人好。特长可使人产生自尊，可以使人逐渐证明自己存在的价值，而且可以在他人面前问心无愧地生活。特长也令他人对你刮目相看。

谦让赢得自尊

在现实生活中，一些人常为一些鸡毛蒜皮的小事争得面红耳赤，谁都不肯甘拜下风，以致大打出手，造成很坏的后果，不好收拾。事后静下心来想想，当时若能忍让三分，自会风平浪静，相安无事，小事化无。事实上，有理的人越是表现得谦让，越能显示出他胸襟坦荡，富有修养，反而更能让他人钦佩。

我国汉朝时有一位叫刘宽的人，为人宽厚仁慈。他在南阳当太守时，小吏、老百姓做错了事，他只是让差役用蒲鞭责打，表示羞辱。此举深得人心。

刘宽的夫人为了试探他是否像人们所说的那样仁厚，便让婢女在他和属下集体办公的时候捧出肉汤，装作不小心的样子把肉汤泼在他的官服上。要是一般的人，必定会把婢女责打一顿，即使不如此，至少也要怒斥一番。而刘宽不仅没发脾气，反而问婢女："肉羹有没有烫着你的手？"由此足见刘宽为人宽容之度量确实超乎一般人。

还有一次，有人曾经错认了他驾车的牛，硬说为刘宽驾车的牛是他的。这事要是换了别人，不将那人拿到官府去治罪，也要狠揍他一顿不可，可刘宽什么也没说，叫车夫把牛解下给那人，自己步行回家。后来，那人找到自己的牛，便把那牛还给刘宽，并向他赔礼道歉，而刘宽非但没责备那人，反而好言安慰了他一番。

这就是有理让三分的做法。刘宽的度量可谓不小，他感化了人心，

第六篇　做个有自尊的人

139

也赢得了人心。

人人都有自尊心和好胜心。在生活中，对一些原则性的问题，我们为什么不显示出自己比他人有容人的雅量呢？

俗话说，金无足赤，人无完人，每个人都会偶有过失，因此每个人都有需要别人原谅的时候。但是，人们对待自己的过错往往不如看待他人的那样严重。

这大概是因为我们对自己犯错的背景了解得很清楚，而对于他人的过错造成的原因却不甚知晓，因此对于自己的过错就比较容易原谅，而常把注意力集中在人家的过错上。即使有时不得不正视自己的错误，也总觉得是可以宽恕的。可见，无论我们自己是好是坏，我们总是能够容忍自己。

然而，轮到我们评判他人的时候，情形就不一样了。我们用另外一种眼光百般挑剔地去发现他们的不对。例如，假使我们发现他人说谎，我们将会严厉地谴责对方的不诚实，可是谁又敢保证自己从来都没说过一次谎？

有些人一旦陷入争斗的旋涡，便不由自主地焦躁起来，不仅是为了面子，有时也是为了利益，因此一旦自己得了"理"，便不肯饶人，非逼得对方承认错误不可。然而"得理不饶人"虽让你吹着胜利的号角，但这也同时埋下了下次争斗的种子。因为这对"战败"的对方也是一种面子和利益之争，他当然要伺机"讨"还。

在这种时候，我们为什么就不能像刘宽那样，即使自己有理也让别人三分呢？其实，有些时候给他人留下台阶，也是为自己以后留下了一条后路。

的确，在与他人相处的过程中，人们常常会因为对事物的理解不一，个性、爱好、脾气、要求不同，以及价值观念的差异而产生矛盾或冲突，此时我们应记住一位哲人的话："航行中有一条规律可循，操纵灵敏的船应该给不太灵敏的船让道。"其实，在生活中也应遵循这条规律。

谦让宽容是一种修养，一种气度，一种德行，更是一种处世的学问。如果我们都具有了这种宽容忍让的心态，我们与他人之间的关系就会变得更加和谐和美好。

 心 灵悄悄话

做一个肯理解、容纳他人优点和缺点的人，才会受到他人的欢迎。相反，那些对人吹毛求疵，没完没了地又批评又说教的人，是不会拥有亲密的朋友的，也不会受到更多人的拥戴。

第六篇　做个有自尊的人

让别人有面子

人都爱面子，你给他面子就是给他一份厚礼。你给别人一个面子就相当于承认别人比自己尊贵，比自己占分量，比自己有面子，他领了情，日后也一定会对你做出相应的回报。可以说，这是人际交往中不可或缺的规则。

反过来，无论你采取什么方式指出别人的错误——一个蔑视的眼神，一种不满的腔调，一个不耐烦的手势，都有可能带来极为不利的后果。你以为他会接受你的意见吗？绝对不会。因为你否定了他的建议、主张和判断力，打击了他的荣耀和自尊心，同时还伤害了他的自尊、自信和感情。他非但不会改变自己的看法，还要进行反击，与你一争高下，因为他觉得自己很没有面子。

永远不要说这样的话："看着吧！你会知道谁是谁非的。"

这等于说："我会使你改变看法，我比你更聪明。"这实际上是一种挑战，在你还没有开始证明对方的错误之前，他已经准备迎战了。为什么要给自己增加困难呢？为什么不肯把自己的面子扯下恭恭敬敬地奉送给对方呢？

古代有位大侠名叫郭解。有一次，洛阳某人因与他人结怨而心烦，多次央求地方上有名望的人士出来调停，对方就是不给面子。后来他找到郭解门下，请他来化解这段恩怨。

郭解接受了这个请求，亲自上门拜访委托人的对手，做了大量的说服工作，好不容易使这人同意了和解。照常理，郭解此时不负人托，完成这一化解恩怨的任务，可以走人了。可郭解还有高人一着的棋，有更巧妙的处理方法。

一切讲清楚后，他对那人说："这个事，听说过去有许多当地有名望的人调解过，但因不能得到双方的共同认可而没能达成协议。这次我很幸运，你也很给我面子，让我了结了这件事。我在感谢你的同时，也为自己担心，我毕竟是外乡人，在本地人出面不能解决问题的情况下，由我这个外地人来完成和解，未免会使本地那些有名望的人感到丢面子。"他进一步说："这件事这么办，请你再帮我一次，从表面上要做到让人以为我出面也解决不了问题。等我明天离开此地，本地几位绅士、侠客还会上门，你把面子给他们，算作他们完成此一美举吧。拜托了。"

郭解把自己的面子扯下来，决意送给其他有名望的人，其心态之平、心态之高，实在令人感佩。

当然，给别人面子一定要自然，不要让对方明白，这是你有意使然，否则便显得你很虚伪，别人对这种面子也不会感兴趣。其中最难的是，起初你还能以理智自持，到后来，或许感情一时冲动，好胜之心勃发，担心自己没有珍惜体现自身价值的机会而不肯让步，也是常有的事。当你有意无意间在语气上、举止上流露出故意让步的意思时，那就白费心机了。

心灵悄悄话

给人面子应成为自己立身处世的自觉行动，这样才能实现它的真正意义，否则便违背了人情账户的操作规则。

顾全别人的面子

　　光绪六年，慈禧太后染上奇病，御医天天进诊，却未见好转。朝中尤为焦急，遂下诏各省督抚保荐良医。两江总监督刘坤举荐江南有"神医"之名的马培之进京宫诊。马培之家乡孟河镇的人无不为马氏奉旨上京而感到自豪，可是年逾花甲的马培之却是欢喜不起来。他自忖：京城名医如云，慈禧太后所患之病恐非平常之病，否则断不会下诏征医；既然下诏征医，此去要是不顺，只怕会毁了悬壶多年所得的盛誉，还可能会赔上老命。

　　马培之千里跋涉抵达京都，先开始打探西太后的病况。关于慈禧之病传说纷纭，有人传是"月经不调"，有人说是"血证"，还有一些离奇的传说。马培之拜会了太医院的御医，先作打探，却不得要领，心中不禁十分焦急。后又连日访问同乡亲友，最后得知一位经商的同乡认识宫中的一位太监，请这位太监向西太后的近侍打听慈禧患病的真实起因以及有关宫闱之秘。果然，从这条黄门捷径传出了消息，马培之大吃一惊：慈禧太后之病乃是小产的后遗症。慈禧早已寡居多年，何能小产？马培之吃惊之余，心中已明白了大半。

　　接下来，就是要善做"面子"工作。最关键的是这种"涂脂抹粉"一定要自然，不留痕迹。

　　一天，马培之在太监的带引下，终于来到了侍卫森严的体元殿。只见40多岁的慈禧太后，脸上虽然抹了很厚的脂粉，却难掩那血亏的面色。西太后先询问马培之年庚、籍贯以及行医经历的一些细节，然后由太医介绍圣体病况。当时在场的有京外名医汪守正和薛福辰等人，于是由薛、汪、马三医依次为西太后跪诊切脉。诊毕，三位名医又自开方立案，再呈慈禧太后。只见老佛爷看着薛的方案沉吟不语，再阅汪的方案面色凝重，此时三大名医，无不沁出冷汗。但当太后看了马的方案后，神情渐转祥和，金口出言："马培之方案甚佳，抄送军机处及亲王府诸大臣。"众人听罢，心中的石头落地，而马培之更是欢喜。马培之对慈禧太后的病因已心中有数，再切其脉，完全暗含产后血症。马培之对其方案上却只字未敢言及，只作心脾两虚论治。而在药方上却是明栈暗渡，用不少调经活血之药，正中慈禧下怀。西太后本来对医药就素有了解，见马培之方案甚合己意，因为医生开的药方要抄送朝中大臣，所以必须能治好病，又可遮私丑，马培之的药方正符合这两种要求。另两位名医薛、汪的方案虽然切中病机，脉案明了，在医术上无可挑剔，但因为无法保全慈禧太后的面子，所以不中"老佛爷"的心意。

后来，慈禧服用了马培之开的药，奇病渐愈。马培之本人也深得慈禧信任。但是无论是在京还是返归故里，马培之对慈禧的病始终守口如瓶。

马培之的聪明在于他懂得顾全别人的面子，也因此保住了自己的性命。懂得顾全别人的面子是帮助了别人，也是帮助了自己。这是一种做人的智慧，也是一种为人的修养。

在广州的一家著名酒店，一位外宾吃完最后一道菜，顺手就把精美的景泰蓝筷子悄悄插进了自己西装内侧的口袋里。这一幕被服务小姐看到了，她不动声色地迎上前去，双手捧着一只装有一双景泰蓝筷子的小盒子，对这位外宾说："我发现先生在用餐时，对我国景泰蓝筷子爱不释手，非常感谢你对这种精细工艺品的赏识。为了表达我们的感激之情，经餐厅主管批准，我代表酒店，将这双图案最为精美，并经过严格消毒的景泰蓝筷子送给你，并按照酒店的'优惠价格'记在你的账上，你看好吗？"这位外宾自然听出了服务小姐的弦外之音，在表示了一番

谢意后，说自己多喝了两杯，头脑有点发晕，误将筷子插入了口袋。然后，外宾借此下"台阶"，说："既然这种筷子没有消毒就不好使用，我就'以旧换新'吧！"说着，取出内衣口袋里的筷子，恭恭敬敬地放回桌上。

人就是这样，你越是尊重他，给他面子，他就会表现出令人尊重的优秀的一面；如果你不给他面子，让他在众人面前显示出不光彩的一面，那他就有可能真的做出不光彩的事出来。

人性很奇妙，可以吃闷亏，也可以吃明亏，但就是不能"丢面子"。而年轻人常犯的毛病是，自以为见解精辟，逮到机会就大发宏论，把别人批评得脸一阵红一阵白，图自己一时之快。却不知这种举动已为自己的祸端铺了路。而那些老于世故的人，宁可高帽子一顶顶地送，也不轻易在公开场合说一句批评别人的话。你照顾别人面子，别人也会如法炮制，给足你面子，彼此心照不宣，尽兴而散。

低调的人处理问题，会把别人的自尊、面子放在第一位，然后再设法将事情导向好的方面。他们在一般人际交际中不会去伤害别人的自尊，也使自己减少很多不必要的损害。

人人都有自尊心。伤害了别人的自尊，别人就会视为"奇耻大辱"，会一直耿耿于怀，随时找机会进行报复。

注意朋友的自尊

一个人不仅要自己的胸怀宽广，度量恢宏，更要注意朋友的自尊。一个人如果损失了金钱，还可以再赚回来。一旦自尊心受到伤害，就不那么容易弥补了，甚至可能为自己树起一个敌人。

唐太宗李世民重用魏征，以人为镜，开创了贞观年间的太平盛世，被称为善于纳谏的典范。但是魏征的直谏有时也让他很难堪。一次，唐太宗要去郊外狩猎，魏征进言道："眼下时值仲春，万物萌生，禽兽哺幼，不宜狩猎，还请陛下返宫。"唐太宗兴趣正浓，坚持出游。魏征就站在路中央，坚决拦住去路。唐太宗怒气冲冲地返回宫中，见到皇后长孙氏，义愤填膺地说："一定要杀掉魏征这个老顽固，才能一泄我心头之恨！"皇后柔声问明了缘由，也不说什么，只悄悄地回到内室穿戴上礼服，然后庄重地来到唐太宗面前，叩首即拜，口中直称："恭祝陛下！"唐太宗惊奇地问："何事如此庄重？"皇后回答："妾闻主明才有臣直，今魏征言直，由此可见陛下之明，妾故恭祝陛下。"唐太宗转怒为喜，打消了给魏征治罪的念头。

魏征是中国历史上赫赫有名的谏臣，他的一片忠心，自是无可非议，不过他所用的方法实在值得商榷。而皇后长孙氏的劝谏方法则高明得多。她没有直接替魏征求情，而是巧避锋芒换一个角度来看问题，从臣子的刚直与君主的开明之间的密切关系，来说明正直敢言的忠臣的重要性，而且由于是在恭维皇帝，自然令皇帝龙颜大悦。可见，同样是忠

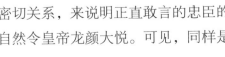

第六篇　做个有自尊的人

147

言，顺耳的话比逆耳的话更能让人接受。

当我们向别人提出忠告时，应尽量避免用逆耳的话刺人，而应该尽可能多地把它转化成顺耳之言，因为这样往往可以获得更好的效果。在谈判中如果发生意见分歧，不直接争论，巧避锋芒也是一种解决问题的好方法。

人都有不甘示弱的精神，但要看具体的情况，需要强势的时候可以不甘示弱，不能针锋相对的时候就要巧避锋芒。

在这个大千世界里，每个人的生活都不像想象的那样完美，难免会有冲突和矛盾。一般的人会在冲突面前暴躁，甚至失去理智；而低调的人则会头脑清醒、心平气和。

如何能平心静气，巧避锋芒？有以下经验可以借鉴：

1. 管住自己的舌头，不要牢骚满腹，怪话连篇。

很多人在有争执的时候，爱犯的一个毛病就是管不住自己的舌头，他们口不择言，怪话连篇，想骂谁就骂谁，岂不知正是这不饶人的舌头，不知会害多少人。口不择言，看似爽快了舌头，实际上是害了自己。

2. 用平静的心情去谈判。

在谈判中如果发生意见分歧，一时难以得到统一时，不必急于要求达成协议，要能够平心静气，运用智慧，巧避锋芒。

谈判中也可以通过运用"装傻"的幽默技巧巧避对方锋芒。在谈判过程中，可以装作没有听到或没有听清楚对方的话，或者装作没弄懂对方的意思，以便巧避锋芒，避免尴尬。

3. 用平静的心情去工作，不要沉溺于哀，沉迷于乐。

积极的人生态度是迈向成功的最美满的跳板。

4. 平心静气，与人为善，努力工作。

总之，能够平心静气地面对各种荣辱得失和恩恩怨怨，是一种修养，也是对自己人格与情绪的冶炼，从而使自己的心胸趋向博大；也是一种智慧，使自己的视野变得更为深远。

"人活一口气，佛烧一炷香"。这是一个人在被人排挤，或者被人欺侮时，经常说的一句急欲"争气"的话。

　　其实也未必如此。试想一下，一个人究竟能有多大的气量？大不了三万六千天，这还是极少数。就像古代名人张英说的那样，"万里长城今犹在，不见当年秦始皇。""千里捎书为堵墙"却不如"得饶人处且饶人，让他三尺又何妨。"这方面，不管是古人还是今人，有好多值得我们学习的地方。

　　唐代名臣郭子仪是四朝红人，权倾朝野，可是就是这样一位一人之下、万人之上的大人物，在自己祖坟被人掘了的时候，却气不长出、面不改色。

　　那时，于朝恩是皇帝身边的宦官，此人虽无才情，但会溜须拍马，所以为皇帝宠幸。他对郭子仪的才干、权势十分妒忌，曾多次在皇帝面前打小报告，诽谤攻击郭子仪，却没有成功，愤怒之下，竟暗中指使人盗挖郭家的祖坟。

　　郭子仪知道这是于朝恩的卑劣伎俩。当时他身任天下兵马大元帅，手握重兵，一举手、一投足，都关系大唐帝国的存亡，所以连皇帝都敬着他三分，更何况要除掉一名奸宦，真可谓不费吹灰之力。但当他从前线返回朝廷时，满朝公卿都以为他必须有所行动，岂料郭子仪却对皇帝说："我多年带兵，并不能完全禁止部下的残暴行为，士兵毁坏别人墓坟的事也有不少，我家祖坟被掘，这是臣下不忠不孝，获罪于上天的结果，并不是他人故意破坏。"

　　祖坟被挖，历来被视为奇耻大辱，而郭子仪却能隐忍下来，足见他的气度之大。也正因为他能屈能伸，能忍能让，他才能在那个奸佞横行、国君昏弱的时代，逢凶化吉，渡过一次又一次政治险滩，享尽富贵，以85岁的高龄安然去世。

　　苏东坡年轻的时候有一个朋友，后来做上了宰相，执掌大权。他把持政局时，把苏东坡发配岭南，又贬至海南。后来，苏东坡遇赦北归，

这位朋友正垮台被放逐到岭南的雷州半岛。东坡听到这个消息，给他写了封信，说："听到这个消息，我很惊叹！这么大年纪还得浪迹天涯，心情可想而知。好在雷州一带虽偏远，但无瘴气。"还安慰他的老母亲，并对他儿子说过去的就别提了，多想想将来云云。可想而知，苏东坡如此大度，这位朋友自是羞愧不已，一家人都对东坡心存感激。

苏东坡的胸怀就是比一般的人宽广，对一个几乎将自己置于死地的人，他在落难时，还能尽朋友之责。

朋友的自尊伤害不得。现在的人，越来越强调个性，好胜心极强，常常把事做"绝"，表明自己的正确或胜利才罢手。如此，就会伤及感情。在一些小事小节上，你大可让朋友"赢"上一把，高兴高兴。

要想重视友人的自尊心，必须先抑制自己的好胜心。不过，越是神吹海侃，旁若无人地使自己出尽风头，一味地过把瘾，不仅得不到友情，更会伤了友人的自尊心。

古人说：物极必反，否极泰来。意思是说，行不可至极处，至极则无路可续行；言不可称绝对，称绝则无理可续言。做任何事，进一步，也应让三分。古人云："处事须留余地，责善切戒尽言。"人生一世，万不可使某一事物沿着某一固定的方向发展到极端，而应在发展过程中充分认识其各种可能性，以便有足够的条件和回旋余地采取机动的应付措施。

平心静气，巧避锋芒，并不是让人听天由命，而是教我们要正视矛盾，认识现实。同时，又对现实持以乐观豁达的态度，面对争执能够进行自控。

不要事事都较真

人生苦短，活着更是不易。因此，在争取拥有的同时，懂得学会放弃，凡事都要退一步，不要斤斤计较，那才是真正的聪明。

在日常生活中，有一些非常精明的人。他们处处要显得比别人更加神机妙算，更加取巧投机。他们总在算计着别人，以为别人都不如他们聪明，从中弄点油，讨点便宜。好像他们这样做就会比别人做得好。这种人功利心太重，把功利当作人际关系的首要，他们的日子过得太累，很紧张，过得缺乏乐趣。

杨玢是宋朝尚书，年纪大了便退休在家，安度晚年。他家住宅宽敞、舒适，家族人丁兴旺。有一天，他在书桌旁，正要拿起《庄子》来读，他的几个侄子跑进来，大声说："不好了，我们家的旧宅地被邻居侵占了一大半，不能饶他！"

杨玢听后，问："不要急，慢慢说，他们家侵占了我们家的旧宅地？"

"是的。"侄子们回答。

杨玢又问："他们家的宅子大还是我们家的宅子大？"侄子们不知其意，说："当然是我们家宅子大。"

杨玢又问："他们占些旧宅地，于我们有何影响？"侄子们说："没有什么大影响，虽无影响，但他们不讲理，就不应该放过他们！"杨玢笑了。

过了一会儿，杨玢指着窗外落叶，问他们："树叶长在树上时，哪

自 尊

——我自横刀向天笑

个枝条是属于它的，秋天树叶枯黄了落在地上，这时树叶怎么想？"他们不明白含义。杨玢干脆说："我这么大岁数，总有一天要死的，你们也有老的一天，也有要死的一天，争那一点点宅地对你们有什么用？"侄子们现在明白了杨玢讲的道理，说："我们原本要告他的，状子都写好了。"

侄子们呈上状子，他看后，拿起笔在状子上写了四句话："四邻侵我我从伊，毕竟须思未有时。试上含光殿基望，秋风秋草正离离。"

写完，他再次对侄子们说："我的意思是在私利上要看透一些，遇事都要退一步，不要斤斤计较。"

人的一生，不可能事事如意、样样顺心，生活的路上总有沟沟坎坎。你的奋斗、你的付出，也许没有预期的回报；你的理想、你的目标，也许永远难以实现。如果抱着一份怀才不遇之心愤愤不平，如果抱着一腔委屈怨天尤人，难免让自己心态扭曲、心力交瘁。

生活在凡尘俗世，难免与人磕磕碰碰，难免别人会误会猜疑。你的一念之差、你的一时之言，也许会被别人加以放大和责难，你的认真、你的真诚，也许会受到别人误解和中伤。又何必非得以牙还牙拼个你死我活，又何必非得为自己辩驳澄清导致两败俱伤呢。

1922 年，土耳其和希腊经过几个世纪的敌对后，终于决定把希腊人逐出土耳其领土。

穆斯塔法·凯墨尔对他的士兵发表了一篇拿破仑式的演说。他说："你们的目的地是地中海。"于是近代史上最惨烈的一场战争终于展开了，最后土耳其赢得了胜利。当希腊两位将领前往凯墨尔总部投降时，土耳其对被他们击败的敌人大加辱骂。

但凯墨尔却丝毫没有显出胜利者的骄气。

"请坐，两位先生，"他说，接着握住他们的手，"你们一定走累了！"然后，在讨论了投降的细节之后，他还安慰他们不要为失败而痛苦，他以军人对军人的口气说："战争这种东西，最优秀的人有时也会打败仗的。"

凯墨尔真有大将风度，即使在胜利兴奋时刻，他还能考虑到敌方的尊严，在大庭广众之下，非但没有挖苦、讽刺、辱骂他们，反而以第三者的口吻对他们进行安慰，不知那两位希腊将领听了会做何感想？

我们常常不顾场合地对别人责备、挑剔，甚至挖苦、讥讽，却没想到这样的伤害力有多大。每个人都要面子，这面子代表了一个人的自尊心。人并不能仅仅简单地活在这个世界上，人还必须靠尊严支撑他的许多行动，他要争取和他人一样的平等，他渴望他的成绩被人承认，他期待社会给予他公正的待遇。如果一个人不顾及自己的尊严，那将被人嗤之以鼻，最终是要被别人遗弃的。

法国作家安东尼·圣伊苏培说过："我没有权力说出或做出让人小看自己的事。重要的不是我们对他的看法，而是他对自己的看法，伤及别人的尊严是有罪的。"

每个人都难免会因为一时失误或个人能力所限而在公众场合处于尴尬的局面，这时，如果你再去嘲笑挖苦他几句，让他下不了台，他会怀恨在心，骂你一辈子的。我的朋友曾告诉我他们公司一位生产监督人员的故事。

第六篇　做个有自尊的人

在一次生产会议中，一位副董事以一个非常尖锐的问题当众质问一位管理生产过程的监督人员。他的语调充满攻击的味道，喋喋不休地指责那位监督人员的处置不当。为了不愿在他攻击的事前被羞辱，这位监督人员回答含糊，这使得副董事更是发起火来，更加严厉地斥责地位监督人员。

几个月后，这位监督人员就离开了公司。他其实是位很好的职员。从被指责的那天起，他对公司的事情已经没有热情了。不久，他进入另一家与原公司竞争的公司工作，并干得相当不错。

自 尊

相比之下，美国通用电气公司在对待职员的方法上要高明得多。他们要免除公司某部门一位主管的职务，这位主管在电气方面是一等的高手，但让他担任计算主管部门的主管却是彻底的失败，然而公司却不敢冒犯这位脾气暴躁的大牌明星职员，于是给了他一个新头衔。他们让他担任"通用电气公司顾问工程师"——工作还是和以前一样，只是换了个新头衔——并让其他人担任部门主管。

这位主管十分高兴，尽管他被调动了职务，但是他得到了不小的荣誉感；公司给足了他面子。

真正的聪明人，其实就是洞穿世事、万事通达的人，为人厚道些，做事给别人多留余地，不要斤斤计较。可能有的时候看似"吃亏"，但是为人厚道绝对会给成功路上铺一层金，一路走过，闪闪发光，大家都知道这个人可以信赖，路就越走越宽了。

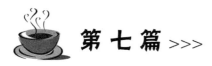

第七篇 >>>
尊重他人就是尊重自己

　　一个过分自我的人是根本不懂得去尊重别人的。但是，尊重别人的人格是赢得别人喜爱的一个好方法。

　　人格，对每个人来说，都是最重要、最宝贵的。每一个人都有这样一个愿望，那就是使自己的自尊心得到满足，使自己被了解、被尊重、被赏识。

　　唯有充满信心，战胜浮躁，才能真正认识自己，才能注意到生命中许多微妙的层面，才能拓宽视野，捕捉到成功的机遇，走向生命的开阔处。不以物喜，不以己悲才是超脱。

正视他人的批评

　　每个人都有三分薄面，每个人都有自尊心，当我们受到别人的批评时常常感到难堪、紧张，自我保护的本能会下意识地让自己采取防御性措施以保护自己，但这是否理智呢？那么我们又怎样来应付他人的批评呢？

　　别人对你提出批评的时候，兴许是因为你自己真的有缺点。对这种批评，我们应该认真听取。

　　我国历史上唐太宗有三面镜子：以铜为镜，可以正衣冠；以史为镜，可以知兴替；以人为镜，可以知得失。唐太宗正是以魏征等名臣为镜，虚心听取他们的批评，才使得自己统治清明，江山稳固，国力强盛，史称"贞观之治"。

　　西周的周厉王，则不愿听取大臣的批评，甚至用严令酷刑来禁止平民百姓议论他。但是防民之口比防河川还难，周朝的平民终于举行了暴动，推翻了暴虐的国君。

　　在现实生活中，我们正是通过他人的批评来了解自己的过错，修正自己的行为。当别人诚心诚意地提出批评时，自己如果不虚心接受，而盲目地反驳批评，往往挫伤他对自己的感情和积极性，甚至在两人之间筑起心理长城。

　　有的时候，别人对自己的批评并不一定正确，但他的用意却是善良的。这时，我们应该对他的这种善良表示诚挚的谢意。这种有礼貌的行为往往被认为是知恩图报，从而赢得对方对自己的信任。

　　有些人提出批评时不负责任，甚至就是存心在恶意攻击。面对这种

第七篇　尊重他人就是尊重自己

批评，一定要保持冷静，因为对方的目的就是要让你紧张，穷于应对，让你大失风度，扰乱你的情绪和思维。你只有保持冷静，才不至于中了对方的圈套。同时，冷静地分析对方的意图，常常会获得意想不到的信息，反客为主。中田就是善于从恶意批评中获取有利信息的成功商人。一次在与一家不知名的山茶制造企业谈进货的过程中，他对对方茶叶的品质没有太大把握，还在犹豫不决。这时，另一位茶叶批发商当着茶叶制造企业经理的面对中田的人格提出了恶意的批评。中田感到恼怒，但敏感的商业意识让他从批评中捕捉到如下信息：即这批茶叶将成为抢手货，于是中田在这批茶叶上猛下功夫，获得了丰厚的利润。

没有主见，面对别人的批评，我们常常会乱了方寸，不知所措。

席拉在一次宴会中认识了一位男士，他们很合得来，分手的时候彼此交换了电话号码，答应保持联络。席拉给他打了电话，并留了言，但一个星期后依然得不到他的回音。她把这事告诉了好友贝蒂，贝蒂嘲笑席拉是个大傻瓜，现在的男人都是到处拈花惹草的，没有几个踏实的了。席拉并不以为然，但又过了一个星期，她还是没收到回音，于是便开始怀疑自己真的很笨，已经跟不上时代潮流了。但是席拉并没有就此罢休，她冷静地作了进一步的分析，这位男士并不像那种轻浮的人，自己也并不是一个大傻瓜。他没有回电话，兴许是因为有事出去了，兴许是因为忙得抽不开身来。过了一段时间，席拉再给那位男士打了一次电话，他们终于联络上了。事实证明席拉的判断是正确的。后来他们俩的关系进一步发展，成了一对幸福的终身伴侣。

要是席拉在一念之间就放弃了，断了这次缘分，岂不可惜！

面对批评，我们要有容忍批评的气度，否则一味地血气方刚，逞匹夫之勇，最后倒霉的还是自己。诸葛亮在中国老百姓中是智慧的化身。他善于利用批评来攻击敌人，不战而屈人之兵，诸葛亮三气周瑜的典故家喻户晓，一句"赔了夫人又折兵"活活地把周瑜这位少年英雄给气死了。而另一次在与魏军的对垒中，诸葛亮也是凭着三寸不烂之舌，把魏国的大司马王朗气得从马上摔下来，气绝而亡。面对批评，我们要有开阔的胸怀，方能从容不迫，应付自如。

心灵悄悄话

　　一方面，面对别人的批评，保持冷静是很重要的。另一方面，我们要客观评价自己的标准，要有自己的主心骨，否则我们将很难判断别人的批评是善意还是恶意，是正确还是错误。

第七篇　尊重他人就是尊重自己

不计较小事

有些人在面临大事时能稳住阵脚，但在面对一些小事情时却慌了手脚，不知道该如何处置；有些人可以经受住生死的考验，却为小事所烦扰；也有些人在大事上可以潇洒地放手，却为一些小事牢肠挂肚，念念不忘，甚至为一些鸡毛蒜皮的事争吵。他们在这些小事情上浪费了许多宝贵的时间，而不是用这些时间去做一些有价值的事，去想一些应该思考的问题。其实，生活有时正是因为我们太看重小事而过得很累。所以，如果想让自己过得惬意，就不要揪住小事不放。

约瑟夫·沙巴是芝加哥的一名法官。他仲裁过四万多件不愉快的婚姻案件。他曾感叹："大部分婚姻生活不美满的起因，通常都是一些小事情。"还有一名地方检察官也说道："在我们的刑事案件中，有很多都是起因于一些很小的事情。比如，在酒吧里说话侮辱别人，行为粗鲁不讲礼貌。许多犯了错的人，都是因为自尊心受到了小小的伤害，就控制不住自己，结果酿成了伤心事。"

法律不会去管一些小事情；一个人也不该为这些小事情忧虑，否则，难以求得心里平静。如果你能对一些小事耸耸肩，就说明你已经变得成熟，因为只有当一个人不再在意身边发生的一些小过失时，他才有了一种可以轻松生活的资本。

要想不被小事困扰，只要把自己的看法和关注点改变一下就可以了。让自己注意一些可以令自己开心的东西，做一些能令自己变得更好的事情，这样，在短促的一生中，我们才不会因自己浪费时间而伤心后悔。就如吉卜林所说："生命是这样的短促，不能再顾及小事。"

有位智者说："在我们的生活中，约有90%的事情是好的，10%的事情是不好的。如果你想过得快乐，就应该把精力放在这90%的好事上面；如果你想担忧、操劳，就可以把精力放在那10%的坏事情上面。"的确，如果能放手那10%的小事，那你就能过得舒心！

林肯说过："人只要想快乐，大多数都能如愿以偿。"快乐是自发的，它的产生不是由于外在事物，而是由于个人的态度和观念。如果我们感到自己可怜，很可能会一直感到可怜。如果放弃不快乐的来源——过度的自尊，那你就能在遇到交通堵塞或被踩脚趾头这类小事时避免火冒三丈。

在你放下的那一刹那，你会发现你的头顶上充满了耀眼的光彩，你收获了一片光明。为了使你的事业更加成功，为了使你的生命价值得到更大体现，你不妨放弃人生道路上的琐事，去拥有更加广阔的天空。

心灵悄悄话

有些人就如同这棵大树，经历了生命中许多风暴的冲击，都挺过来了，结果却让一些小事伤害了。如果你想让自己的生命之树不遭受小虫的咬噬，就要让自己的心学会宽待他人和事，就要学会放下一些小事情。

第七篇　尊重他人就是尊重自己

从自我的圈子中跳出来

　　理解他人，并学会尊重、关心、帮助他人，这样才可以获得别人的回报，从中体验人生的价值与幸福。

　　如果你不尊重别人的人格，使别人的自尊心受到了伤害，而他或许不是一个精神境界极高的人，当时，他或许会一笑了之，但是，他以后是不会很喜欢你的。

　　相反，如果你满足了他的自尊心，使他有一种自身价值得到肯定的感觉，那么，他会对你所做的一切表示感激。他对你有一种感激之情，会因此而喜欢你。

　　很多高明的政治家精于此道。为了笼络人心、赢得别人的拥护和支持，他们决不轻易伤害别人的自尊和感情。一位研究华盛顿政治舞台的专家指出："许多政客能做到面带微笑和尊重别人，无论别人的想法如何，他们都会表示同意。他们会盘算别人的心思，并且能掌握这些心思的动向。"

　　充分认识到以自我为中心的意识的不现实性、不合理性及危害性，学会控制自我的欲望与言行，把自我利益的满足置身于合情合理、不损害他人的基础之上，做到把关心分点给他人，把关心留点给自己。

　　儒家有句名言叫作"以和为贵"，"天时不如地利，地利不如人和"。治家者有一条经验，"家和万事兴"。经商者有个信条，"和气生财"。治国者讲究和平。由此可见，谋"和"是人生的一个重要组成部分。古往今来，"和"是贤者仁人所追求的境界。在历史上，谋"和"、求宽容的例子是屡见不鲜的。这一切无不在昭示人们"以和为贵"，不要以邻为壑，"和"能平息仇恨的怒火，使仇人之间不再冤冤相报，而是化干戈为玉帛。

日本人也很重视"和"，甚至有的企业家把它当作自己的经营理念和企业精神。但中国人主张的"和"与日本人所尊崇的"和"有所不同。日本人的"和"是指完全抛却自己的主张，众口一词，赞同团体的意见，最终达成一致的看法。它比较接近孔子提出的"同"。"同"是没有自己的主见，盲目附和别人，人云亦云。孔子说："君子和而不同，小人同而不和。""和"是指一方面坚持自己的独立自主，另一方面又能与周围的人相互协调，"和则生物，同则不济"。

"以和为贵"也是治国者的方略，因为它蕴涵和平、太平、平安之意。治国者都希望国家太平，没有纷争，和平发展，没有战争。林语堂认为"和平"是人类的一种卓越认识，中国人尤其热爱和平，反对战争，因为他们是理性的民族，受"和为贵"理念的浸润和熏陶，人们从小就形成了一种以和为贵的人生理想。

"以和为贵"也体现在人与自然环境的和谐上。社会的进步，科技的发展，极大地提高了人类的生活水平和生存质量，但同时也带来了许多负面影响和危害——空气污染、资源枯竭、环境恶化……人与自然的矛盾日益突出，应用"和"的理念来整合人们的思想意识，指导人们去行动，实现人与自然的和谐。

"和"在今天仍是一条协调人际关系的重要原则。社会生活的多样化、复杂化使得人与人之间产生种种不和，不和就会产生分歧，有了分歧就会导致摩擦，摩擦导致矛盾，矛盾激化就会导致争斗。特别是当人们之间有利益冲突时，斗争就难免了，而且斗的方法也不胜枚举。既有明争也有暗斗。然而，不管是哪种斗争方式，都会伤了彼此间的和气，造成不必要的损失。

做人应求"和"，而不求"同"，要和而不同。提倡"和"，不是要求人们都抱成一团，讲求一团和气，无原则立场地妥协和谦让，而是为了追求一种团结进取的和谐的人际关系，追求工作上的互帮互助的氛围

和对人对己宽容大度的气量。"和"是成就事业的良好环境，是每个人追求的目标。一个和睦的家庭，会令人感到温暖；一个和谐的人际关系，会使人感到舒畅；一个和平的环境，会使人安心地搞建设；一个祥和的气氛，让人世充满温暖。

不要贬低别人的人格，不要伤害别人的自尊心。只有尊重别人，别人才会喜欢你。你满足别人的精神需求，别人才会满足你的精神需求。

自尊与鼓励

在日常生活中，鼓励是很重要的，也是很有用的。在家庭生活中，夫妻应该彼此鼓励，父母与子女应该彼此鼓励。在工作中，老板和员工更是应该相互鼓励。在生活中，朋友之间也应彼此鼓励。

有这样一个关于鼓励的故事。

一个驯兽师训练鲸鱼跳高，刚开始的时候他先把绳子放在水面下，使鲸鱼不得不从绳子上方通过，鲸鱼每次经过绳子上方就会得到奖励，它会得到鱼吃，会有人拍拍它并和它玩，训练师以此对这只鲸鱼表示鼓励。当鲸鱼从绳子上方通过的次数逐渐多于从下方经过的次数时，训练师就会把绳子提高一些，只不过提高的速度很慢，不至于让鲸鱼因为过多的失败而沮丧。训练师慢慢地把绳子提高，并且一次一次地鼓励它。鲸鱼也每次都跳得比前一次高。最后鲸鱼跳过了世界纪录。

无疑，鼓励的力量让这只鲸鱼跃过了这一载入吉尼斯世界纪录的高度。对一头鲸鱼如此，对聪明的人类来说更是这样，鼓励、赞赏和肯定，会使一个人的潜能得到最大限度的开发。可事实上，很多人却是与训练师相反，起初就对别人定出相当的高度，一旦别人达不到目标，就大声地呵斥。

康涅狄格州的芭蜜娜·邓安，在公司里的职责之一是监督一名清洁工的工作。这位清洁工做得很不好，其他的员工时常嘲笑他，并且常常故意把纸屑或别的东西丢在走廊上，以显示他工作的差劲。这种情形不仅不好，而且增加了清洁工的工作量。

芭蜜娜试过多种办法，但是都收效甚微。不过她发现，清洁工偶尔也会把一个地方打扫得很整洁。于是，她就趁他有这种表现的时候当众赞扬他。慢慢地，他的工作就有了改进。不久之后，他就可以把整个工作都做得很好了。

1968 年，美国心理学家罗塔尔森和雅各布森做了一次有趣的试验。他们对一所小学的六个班的学生的成绩发展进行预测，并把他们认为有发展潜力的学生名单用赞赏的口吻告知学校的校长和有关教师，并再三叮嘱他们对名单保密。实际上，这些名单上的人名是他们随意选取的。然而，让人出乎意料的是，八个月后，名单上的学生个个学习有进步、性格开朗活泼、求知欲强、与教师感情甚笃。

为什么八个月之后竟会有如此显著的差异呢？

这就是期望心理中的共鸣现象。原来，这些教师得到权威性的预测暗示后，便开始对这些学生投以赞美和信任的目光，对他们态度亲切温和，即使他们犯了错误也不会严厉地指责他们，而是通过赞美他们的优点来表示信任他们，实际上教师们扮演着皮革马利翁的角色。正是这种暗含的期待和赞美使学生增强了进取心，使他们更加自尊、自爱、自信和自强，奋发向上，故而出现了"奇迹"。这是教师的赞美、信任和爱产生的效应。

这个故事给我们这样一个启示：赞美、信任和期待具有一种能量，它能改变人的行为。然而，遗憾的是，现实生活中人们似乎都已经遗忘"信任""期待"和"赞美"这几个词了，他们对身边的那些在生活、工作和学习中一时不理想的人往往不是给予鼓励和帮助，而是讽刺、挖苦他们，并且总是用一种老眼光看待他们，使他们的自尊心和自信心大大地受到伤害，以至于心灰意冷，气馁自卑，甚至性格孤僻、沉默寡言，长此以往，便使他们禀性难移了。

应该掌握的赞美技巧

赞美有助于人与人之间形成良好的关系，进而达成共识，并保持良好的关系。赞美对推销员来说是相当重要的。赞美他人是一件好事，但绝不是一件易事。赞美客户如果不审时度势，不掌握赞美技巧，即使推销员出于真心，也会将好事变成坏事。在赞美客户时，以下技巧是可以运用的。

一是因人而异。客户的素质有高低之分，年龄有长幼之别，因此，赞美要因人而异，突出个性，有所指的赞美比泛泛而谈的赞美更能收到较好的效果。年长的客户总希望人们能够回忆起其当年雄风，与其交谈时，推销员可以将其自豪的过去作为话题，以此来博得客户的好感；对于年轻的客户，不妨适当地、夸张地赞美他的开创精神和拼搏精神，并拿伟人的青年时代和他做比较，证明其以后确实能够平步青云；对于商人，可以称赞其会做生意，财源滚滚；对于知识分子可以称赞其淡泊名利，知识渊博。当然所有的赞美都应该以事实为依据，千万不要虚夸。

二是详细具体。通常，客户有显著成绩的时候并不多见，因此，推销员要善于发现客户的哪怕是最微小的长处，并不失时机地予以赞美。让客户感觉到推销员的真挚、亲切和可信，这样，相互间的距离自然会越拉越近。

三是情真意切。说话的根本在于真诚。虽然每一个人都喜欢听赞美的话，但是如果推销员的赞美并不是基于事实或者发自内心，就很难让客户相信推销员，甚至客户会认为推销员在讽刺他。

四是合乎时宜。赞美要相机行事。开局便赞美能拉近你和客户的距离，到交易达成后再赞美客户就有些迟了。如果客户刚刚遭受到挫折，推销员的赞美往往能够起到激励其斗志的作用。但是如果客户取得了一些成就，已经被赞美声包围并对赞美产生抵制情绪，再加以赞美就容易

被人认为有溜须拍马的嫌疑。

　　五是雪中送炭。在我们的生活中，人们往往把赞美给予那些功成名就的胜利者。然而这种胜利者毕竟是极少数，很多人在平时处处受到打击，很难听到一句赞美的话。这时，送上一句赞美的话，就如雪中送炭。

心灵悄悄话

　　当一个人获得另一个人的信任、赞美时，他便感觉获得了社会支持，从而感觉实现了自我价值，变得自信、自尊，会获得一种积极向上的动力，并尽力满足对方的期望，以避免对方失望，从而维持这种社会支持的连续性。

避免尖锐的批评和攻击

1931年5月7日，纽约发生了一起震惊全市的暴力搜捕事件，整个事件的凶手是被称为"双枪杀手"的罪犯克莱雷。警方集中全部警力，终于在这名罪犯的情妇的寓所中将这名烟酒不沾的杀手擒获。

将近150名的警务人员将克莱雷围堵在公寓顶层的藏身处。他们将屋顶砸通，并试图用催泪弹将克莱雷逼出，在他寓所的周围，机关枪时刻准备射击。经过了大约1小时的僵持，刺耳而尖锐的枪声震惊了原本宁静的市区。那个恶名昭著的克莱雷躲在他寓所的椅子后面，对着警察疯狂射击。成千上万的纽约市民怀着惊恐的心情目睹了眼前的一幕。

警察在武力逮捕了克莱雷后，发表了自己的看法："克莱雷可以说是纽约市有史以来最为凶残、最具危险性的罪犯，已经到了杀人不眨眼的地步，他的兴趣就是以杀人为乐。"

可是，出人意料的是，这个有着"双枪杀手"之称的克莱雷却对此评价相当无辜。

在围攻当天，克莱雷正在写一封公开信，信上写道："在我的衣服里面，包裹的是一颗疲惫的心——这是一颗善良而仁慈的心，一颗不想伤害别人的心。"

可是，在事实面前，克莱雷的所作所为却一点也没有仁慈的迹象，他总是疯狂地杀人，连尸体都不放过，难道这就是他所谓的善良而疲惫的心吗？

最终，克莱雷被判以死刑。当他受刑的那一刻，他没有说"我杀人是罪有应得"，反而说"我是保护我自己的结果"。通过克莱雷的话，

169

自 尊

我们并没有感觉他对自己的行为有悔意。

克莱雷只是众多罪犯中的一名,像他这样态度的罪犯还有好多,他们的心态都极其相似。美国有名的黑社会头目阿尔·卡庞曾说过这样一句话:"我用生命中最美好的岁月来愉悦别人,希望每个人都快乐,可是我得到的却是人们的唾弃和谩骂,这也许就是我变成现在的样子的原因吧。"可见这一类人都不曾对自己的所作所为有丝毫的忏悔与自责。

对于这种情况,我曾和纽约辛辛监狱的路易斯监狱长通过几次信件,他对我说,在这样的监狱中,有很多像克莱雷这样的罪犯,都不认为自己是罪大恶极的恶人,他们总是为自己辩解为什么要撬保险柜,为什么要连续伤人、杀人,他们并不认为那样做有什么不对,他们可以找出很多理由为自己开脱辩解。就像他们所说的,他们就不应该被关在监狱里。

可见,连像克莱雷这样的人都不曾为自己的疯狂行为自认不安,更何况是一般人呢?

著名的心理学家斯勒津用动物做试验证明,动物中也有此种表现。受到表扬、奖励过的动物会表现得很好,很有干劲。而没有受到表扬反而受到批评、处罚的动物的表现明显不如前者。因此也可以证明,在人身上,越是批评、责备,越达不到好的效果,有时甚至适得其反。

批评和责备根本不会有任何好处,相反,还会使人与人之间的隔阂加深。因此,批评带来的是人类心灵的痛楚,还会伤害人的自尊心,甚至是强烈的抵触和反抗。

在历史的长河中,有许多因批评而毫无效果的例子。

美国总统西奥多·罗斯福曾经在白宫与塔夫脱有过一段争论,从而导致了共和党的分裂,并顺水推舟地将威尔逊送进了白宫。归其原因,还是因为罗斯福的批评。

事情是这样的,在1908年的美国,罗斯福让塔夫脱作为共和党的总统,自己离开白宫去了非洲。罗斯福回来时,对塔夫脱的执政方式大为不满，他认为塔夫脱作风保守没有创新。于是公然批评并抨击了他，并且准备自己重新竞选总统，另组"进步党"。那几年毁了共和党。那次以后的选举结果可想而知，塔夫脱只获得了两个州的选票，这可以说是共和党的失败之年。

事情发展到此，塔夫脱却并不觉得自己有丝毫的过错，他委屈地说："我从不觉得自己有什么不妥，为何说我错了呢。"

在历史面前，很多伟人都是如此，普通的人就更不用说了。

大家都知道著名的亚伯拉罕·林肯吧！在1865年4月15日的清晨，林肯躺在福特别墅对街的一家廉价出租房中的睡床上，已经在死亡边缘挣扎，而这里就是他被杀害的地方。

"这里躺着的是人类最伟大的统治者。"陆军部长斯顿在林肯咽下最后一口气时说道。

这样出色的统治者与人相处是怎样的呢？我通过10年的倾心研究，终于写出了《另一面的林肯》，来向世人展现林肯待人处事的方式。

林肯在年轻的时候，很喜欢评论是非，特别是对自己看不惯的人他喜欢写信攻击别人，并让收信人看到。

林肯在伊利诺伊州的春田镇当公务员时，仍然写信公开抨击反对者。但直到一次惨痛的经验教训后，他才改变了自己的行为。

事情是这样的：林肯因为对一位自视清高的政客西尔兹不满，在报上发表了一封讽刺西尔兹的信，全镇人看到后都哄笑他。这令西尔兹大为不满，千方百计地查出了信的出处，再加上西尔兹平时就十分高傲，于是他决定下战书与林肯决斗。作为事发人的林肯本不喜欢决斗，但为了顾全面子，只好同意接受挑战。在选择兵器上，林肯选择了适合自身手臂长的大刀，并且和一位在西点军校毕业的好友学了几招剑术。到了比赛当天，也就是在两人约好的密西西比河的沿岸，两人准备开始生死战。幸亏在最后一刻，一位朋友出面阻止了决斗的进行。

这件事对林肯的一生应该是一个重要的转折，他从此不再写一些中

伤他人的信，也不轻易批评他人了。

美国内战时期，林肯更换了好多将领，但都不尽如人意。林肯顶着全国多数人指责他用人不当的压力，并没有指责他的将领们。他说："我们不要怨天尤人，不要去批评他人，以免被他人所评议。"他最终宽容地保持了缄默。

南北战争时期，许多北方人都很刻薄地评论南方人，包括林肯夫人在内。而林肯却总是说，不要评论他人。如果我们设身处地地想想，我们的做法也是和他们一样的。

在 7 月 4 日晚上，南方将领李将军开始向南方撤退，当时天气对北方相当有利，暴雨骤至，河水猛涨。李将军的军队要想顺利通过是很困难的。北方军队如果乘胜追击，一定会取得全盘的胜利。在这次绝好的机会中，林肯立即下令，不必召开军事会议，立即攻打李将军的军队。他电报前方军队将领密狄，立即开始攻打行动。在战斗前线的密狄却并没有按林肯的意图开始行动，他召开会议，全盘否定了林肯的命令，故意拖延时间，拒绝攻打李将军，直到最后，大雨停止，河水退去，给了李将军喘息的机会，让他顺利南逃。

"他究竟要怎么样？"林肯对自己的儿子吼道，"我真不明白，我们胜利在望，只要稍用武力，我们就可以取得战争的最后的胜利。为何密狄不明白这么浅显的进攻之道呢？"

但是最终理智还是控制了自己的情绪。林肯思来想去，用最拘谨客气的言语给密狄写了一封询问信。

亲爱的将军：

对于李的军队的逃跑，想必你也考虑了好久。在当时那种情况下，我想作为一军将领的你比别人更清楚我方胜利的概率有多大。如果我们将李捕获，我们可以立即结束这场战斗。可是，如今他们已逃到了波多马克河以南，我们要想轻易成功就很困难了。我对这次绝佳机会的失去深表遗憾。

那么密狄将军看了这封信的心情如何呢？

其实，密狄根本就没有可能看到此信。因为，林肯根本就没有把此信寄出。这是别人后来在林肯的一堆文件中发现的。

此时，我的脑海里总是浮现林肯当时矛盾的心境：他一定是很犹豫是否将此信寄出。请允许我妄自推论，他一定想：我身处白宫，对真实的战况没有亲眼所见，而密狄是将领，他始终站在战争的最前线，如果我站在他的位置，听着伤者的呻吟、呼救，看着成堆的尸体，也许就会不那样做了吧。也许我的个性也像密狄一样的软弱，可能做法会和他一样吧！现在说什么也来不及了，为了痛快，将此封信寄出去又有什么意义呢？反而会招来密狄为自己的申辩，甚至对我的攻击。或者逼他离开军队，毁了他的后半生。

最后，我们伟大的林肯终于没有把信寄出，因为林肯深知："尖锐的批评与攻击，所得的效果等于零。"

就连西奥多·罗斯福总统都把林肯作为自己的偶像，他每次遇到困难时，都仰望办公室墙上那幅林肯肖像反问：若林肯处在我的位置会怎样呢？

"了解就是宽恕。"让我们尽量用关心理解别人，来取代批评与责骂吧！从现在开始，不要批评、责怪或抱怨他人。

 心灵悄悄话

正如托马斯所说："伟人是在对待小人物的行为中显示其伟大的。"当我们应付个人时，应该清楚，我们不是在应付理性动物，而是在应付感情动物。只有没头脑的人才批评、指责对方，要做到能够宽恕别人，有时也需要有一定修养。

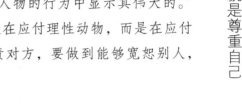
第七篇 尊重他人就是尊重自己

不要轻易伤害别人的自尊心

指责和批评他人之前一定要三思而后行。如果犯错者完全清楚是什么原因，怎样发生的，也清楚如何避免让错误再次发生，那你就大可不必再加以严厉批评。这只会让别人感到更难受、更不快，批评是毫无意义之举。

在这里，我们必须明白"过错"有两项基本的要素：第一，我们每个人都有可能犯错误。第二，我们每个人都喜欢指责别人的过错，但对于别人给我们的指正却不那么乐意接受。

生活中，绝对没有一个人喜欢接受别人给他的责备与批评，甚至指正。当别人指责我们时，我们有时也会被激怒。这一点上估计每个人都是这样。如果你想伤害别人，使他丢掉自尊，你不需要做太困难的事情，只要给他以严厉的批评和指责，告诉他计划做得很差劲，质量不合标准，或是生活习惯不良等。即便他是真的存在错误，也不会轻易改正的。

要知道，每个人都会因某种原因而犯下错误，人无完人，所以适时地收回你的批评，所得的结果未必不好。

在面对批评时，我们最重要的是要尽量避免指责和批评。

雷比设计公司总裁史塔诺对此深信不疑。他表示："当错误发生时，大家一定会这样想，这究竟是谁的责任？这就好像是人们与生俱来的一种本能，当遇到问题时，人们总是想找个人来承担，然后对其加以指责。"

史塔诺总是抱着尽量避免批评与指责的原则来要求自己与员工。他曾说："我尽量保持不轻易批评每个人的原则来与大家相处。尽管我们总是喜欢对别人说教，当别人犯错时，我们就开始责怪别人。所以我们要尽量想个最好的解决办法去面对错误，一味地批评与抱怨解决不了任何问题。"

史塔诺又接着说："你要明白，自己真正想要达到的目的是什么？你凭借着有效的行动能力，把今天的工作做好，这才是最重要的。很明显，指责某人的错误是永远也达不到你所要达到的目的的。"

联邦品质机构的主管库克说："人们到公司工作，都希望能尽力完成好工作，没有一个人想把工作搞糟，了解这一点的老板一定会努力让自己不再批评、指责员工。"

北岸大学附属医院有755张病床，院长杰克正在为一个让他头痛的问题着急。这几年，北岸医院的规模有了很大的提升，床位也有了明显的增加，可是厨房的设备却依然停留在只能供应169张病床的规模。

于是，医院决定建造新的厨房操作间，杰克请他的同事处理这件事，他提出两点要求：招聘一位停车顾问和一位饮食专家。

杰克由于工作忙，没有全程监督工程的进程，到了快完工的日子，却因为很多东西没有处理完善而导致工程延期。事实上，那位同事根本就没按杰克的要求去安排停车顾问以及饮食专家，从而导致了新的医院厨房不能使用。

当杰克了解了情况后，他很清楚现在的处境，因为建筑物已经动工，而且投入了大量的资金，图纸设计也不能再更改了，但是这次整修却没有得到好评，因为新的厨房照样不够大，食物也没有任何提高，这使医院的名声有所下降。

这次的失败并不是杰克的错，他大可以指责批评那位同事做事不认真。可是他却没有那样做，把同事大骂一顿就能换来美味而有营养的食物和更宽敞的厨房吗？这些都不可以，所以，批评没有任何意义。

杰克经过认真思考后说："我不应该把时间放在批评别人身上，现

在最急需做的就是重新修改系统，想办法改善这种不良的状态。浪费时间去指责别人，对这件事情毫无益处。"

著名的化妆品公司玫琳凯很早就开始施行这种理念。他们将改善作为目的，而并不是严厉的批评。玫琳凯的经理巴特尔说："我们不再使用任何权衡的考核，我们要的是业绩。因为没有任何人愿意被指责与批评，我们所要做的是如何帮助员工更好地工作，创造出更多的效益。如何改善你的工作能力和方法，这是由你们的观点看的，而不是我的。"这是多么明智的领导方针呀！

我们都同意这句话："没有谁会愿意被批评，但却有许多人都喜欢批评别人，但这对于你来说没有任何意义。"

当然在不批评别人的同时，你可以用一些巧妙的方法来达到你的目的。

一位退休的老人在她家乡的乡间买了一幢别墅，打算清闲安静地度过余生。起初，她住得很舒服，周围环境很安宁。可过了几个星期，她就被某种噪音吵得难以安静了。原来，有三个年轻人总是在附近踢垃圾箱。老妇人受不了这种吵闹的行为，决定出去和他们评理。

老妇人的做法一定出乎你的意料，她并没有直接找上去批评指责年轻人，而是用了一种别的方法。

她温和地对三位年轻小伙子说："你们玩得很开心嘛！如果你们每天都过来踢垃圾桶的话，我就给你们一块钱。"三位年轻人有些疑惑，互相看了看，高兴地接过钱，用力地踢起了所有的垃圾桶。

没过几天，当三位年轻人正要踢垃圾桶时，老人找到了他们，并满脸忧愁地对他们说："很抱歉，我现在的收入越来越少，从今天起我只能给你们每人5角钱了。"三位男孩有些不满，但还是接受了老人的钱，并坚持每天下午将这些垃圾桶全部踢倒。

一周后，老人又来找三个年轻人谈话。她说："真是不好意思，我最近没有收到养老金，所以每天只能给你们 2 角 5 分钱了，你们愿意吗？""什么？就 2 角 5 分？开什么玩笑，我们可不想为了 2 角 5 分钱就特意跑到这里踢什么倒霉的垃圾桶，我们不干了！"男孩们气愤地说。

　　最后，结果可想而知了，男孩们再也没有来打扰那老妇人的安静；老妇人也从此过着宁静舒服的生活。

　　在我们批评别人时，不妨思考一下是否有必要，我们不妨先创造一个开放的轻松的谈话氛围，采取温和的态度，控制好自己的脾气。因为没有人喜欢听别人指责他，所以我们要做到对事不对人，这样也许会好受些。当然，你不要忘记他之前所做过的种种贡献。

　　记住，当遇到什么事情时，如果你采用一种指责批评的态度，那么他们就会立刻与你对立，他们会觉得自己是对的，人的心理就是这样的。所以无论遇到什么事，都不要指责或看不起别人，因为你一旦开口批评，你就等于输掉了。你将无法控制你自己，重要的是你将失去与别人沟通、说服以及激励他人的最好时机。

　　所以，收回你的批评吧，将目光集中到要达到的目标上，这对你会大有益处。

 心灵悄悄话

　　每个人都不愿被指责与批评。被严厉批评过的人通常都不愿再冒风险，或再提新的主意。其实我们也不要因某一件事的错误就否定了他的全部贡献。

尊重他人的意见

诗人吉普曾说："当你在教训别人时，要装作若无其事一样，要自然而然地把事情提出来，不要让人记起。"

著名科学家伽利略说："你永远不能教别人知识，你做的只是帮他去发现。"

查斯爵士告诫他的儿子："你要比别人聪明，但不要让别人知道。"

古希腊哲学家苏格拉底对自己的门徒说："我唯一知道的就是我什么也不知道。"

当然，我们不可能比苏格拉底更聪明了。所以，在指出别人的错误时，我们不妨尊重一下他人的意见。

罗斯福在当总统时坦然地承认，如果他有75%的判断是正确的，那么做任何事都能达到最好。

作为名人的罗斯福，最高判断也只有75%，而作为普通人的我们又如何呢？

按最好的情况说，如果你确定你的最高判断力为55%，那你就相当棒了，也许你现在正在华尔街，每天就有上万元钞票流入你的口袋。但是很多时候，我们根本不能肯定我们的判断力能达到55%这个标准，那我们又凭什么去指责别人的错误呢？

很多时候，我们正在用神态、语言、动作去指责别人的错误，你以为别人会没有反应、欣然接受吗？那你就错了，对方非但不会认同你的观点，反而会很抵触。因为你打击了他的判断力、智力以及他的自尊。所得的不会是对方的认可，往往是对方的反击和抵抗。即使你运用柏拉图或是康德的逻辑理论予以反驳，对方也不会一改初衷，因为你已经伤害了他的自尊。

一定要避免跟别人说："我会证明给你看的。"这样说，无非要显示你的聪明，你比别人强，这就像是个挑战，让对方感到十分的反感，不再需要多说些什么，对方已经开始接受你的挑战了。这不是弄巧成拙，给自己添麻烦吗？

当你认为有些人的意见不对，你的确肯定了他的错，你最好可以这样说："哦，等等，我也有别的想法，但不知道是否正确，如果有不对的地方，希望你们能及时地纠正我。让我们一起来看看这件事。"这不是很好吗？既可以给对方一个提示，又不至于伤了和气，尊重对方，何乐而不为？

我有一个叫哈洛·雷恩克的学员在处理顾客纠纷时也用了先尊敬后说服的方法。他是道奇汽车在蒙大拿州的代理商。雷恩克作报告时指出，由于现在汽车市场竞争激烈，所以在处理顾客投诉案件时，我们常常是漠不关心，不予理睬，这样可能会导致生意做不成，甚至影响公司的声誉。

他对班里的其他学员说："后来我想明白了，这样确实是无济于事、毫无意义的，于是我改变了做事的方式，我是这样对我顾客说的：'我们公司存在某些不足，我深表歉意。请你把你所遇到的情况告诉我，好吗？'这种方法明显能消除顾客的忧虑和反感。当他们情绪放松了，也就好讲话了。许多顾客对我能理解他们的态度表示赞成和谢意，有两个顾客还推荐他们的朋友来买车。在这种激烈竞争的市场，我们是很需要这种顾客的，而且我相信只要尊重顾客的意见，对顾客彬彬有礼，理解体谅他们，我们就会在竞争中处于不败之地。"

你是不会因为认错而带来麻烦，唯有如此才能和解是非，也唯有尊重他们的意见，事情才会办得左右逢源，得心应手。

179

自 尊

心理学家罗杰士在他的书中有这样的论述：如果认真地听取他人的意见，了解他人的想法，你会受益匪浅。也许你会问，我们真的需要花时间去了解别人的意愿吗？答案应该是肯定的。当有人向我们阐述他的观点时，我们往往会说："嗯，这很正确""我不同意你的说法""这样做很不明智"……却很少有人真正用心去体会说话人所说的内容的真正意图所在。

在人与人的相处之中，有很多我们所要学习的东西。《富兰克林传》中有我们所要学习的关于尊重他人意见的例子。

在富兰克林年轻的时候，有一天，一位与他相处多年的老教友给他上了人生中的重要一课。

"你太不应该这样做了！"老教友愤愤地说，"在教会，你总是打击别人的意见，只要有人的观点与你不和，你就去反驳别人。这样下去，没有任何人会再理会你的意见，他们有时会觉得你不在场会更加舒服。你总是自以为是，导致别人都要疏远你。再这样下去，你除了现在所知道的有限的知识外，就不会有更大的进步了。"

富兰克林回到家中，深刻地反省了自己生平的行为，他有足够的思维去领悟那位老教友对他的劝诫，于是他领悟到，如果再不痛改前非，后果将不堪设想。因此，他决定将过去的那种不适当的做法完全改掉。

在此后的时间里，富兰克林尽力克服自己的缺点，替自己制定了一系列的规章，尽可能不让自己与别人产生分歧，不武断地肯定自己的观点，尽可能体会、尊重他人的观点和意见。没过多久，他就融合到大家的讨论中来了。当然，有不同意见时，他会很谦虚地提出自己的见解，很少有反对的。

"在过去的50年中，我一句武断的话都没有说出口，每次我谦虚地提出一项建议时，都得到人们的热烈支持。"富兰克林就是这样成为一位伟人的。

有人曾经问过著名的黑人解放运动领袖马丁·路得·金，为何身为黑人领袖的他却重用一位白人来作为他的重要将领，金回答说："戎是以集体的原则去判断他人，而非我个人的原则。"

　　记住，当你与别人意见不合时，不要轻易与他们对立，要用巧妙的方法先尊敬后说服。所以，对别人的意见我们要表示尊重，切忌反驳。

心灵悄悄话

　　通常情况下，我们在听了别人的意见后，首先是评价、质疑他的观点，而并不是去认真了解其中的意图。

第八篇 >>>

自尊和理解

　　只有尊重孩子才能让孩子自信，才能保护孩子争取荣誉和摆脱悲观的心理。孩子总难免有一些缺点，会犯一些错误，而一些家长往往过分强调孩子的缺点和错误，动辄对孩子进行羞辱和讽刺，对孩子缺乏应有的尊重，以这种方式对待孩子的结果是，年纪小的会害怕、畏缩，年纪大的会心生沮丧，意志消沉，既达不到教育的效果，又造成了亲子间的疏离。这对培养青少年的良好性格是极为不利的。

　　一般来说，自尊心强的人大都很自信，并且不论在任何场合下都会认为自己是与众不同的。

给对方一个台阶下

西奥多·罗斯福承认说，当他入主白宫时，如果他的决策能有75%的正确率，就达到他预期的最高标准了。像罗斯福这么一位20世纪杰出人物，最高希望也只有如此。

如果你肯定别人弄错了，而率直地告诉他，可知结果会如何？沙斯先生是一位年轻的纽约律师，最近在最高法庭内参加一个重要案子的辩论。案子牵涉了一大笔钱和一项重要的法律问题。

在辩论中，一位最高法院的法官对沙斯先生说："海事法追诉期限是6年，对吗？"

"庭内顿时静默下来，"沙斯先生后来在讲述他的经验时说，"似乎气温一下就降到冰点。我是对的，法官是错的。我也据实地告诉了他。但那样就使他变得友善了吗？没有。我仍然相信法律站在我这一边。我也知道我讲得比过去都精彩。但我并没有使用外交辞令。我铸成大错，当众指出一位声望卓著、学识丰富的人错了。"

没有几个人具有逻辑性的思考。我们多数人都犯有武断、偏见的毛病。我们多数人都具有固执、嫉妒、猜忌、恐惧和傲慢的缺点。因此，如果你很想指出别人犯的错误时，请在每天早餐前坐下来读一读下面的这段文字。这是摘自詹姆士·哈维·罗宾森教授那本很有启示性的《下决心的过程》中的一段话：

"我们有时会在毫无抗拒或热情淹没的情形下改变自己的想法，但是如果有人说我们错了，反而会使我们迁怒对方，更固执己见。我们会毫无根据地形成自己的想法，但如果有人不同意我们的想法时，反而会全心全意维护我们的想法。显然不是那些想法对我们珍贵，而是我们的自尊心受到了威胁……'我的'这个简单的词，是做人处世的关系中最重要的，妥善运用这两个字才是智慧之源。不论说'我的'晚餐、'我的'狗、'我的'房子、'我的'父亲、'我的'国家或'我的'上帝，都具备相同的力量。我们不但不喜欢说我的表不准，或我的车太破旧，也讨厌别人纠正我们对火车的知识、水杨素的药效或亚述王沙冈一世生卒年月的错误……我们愿意继续相信以往惯于相信的事，而如果我们所相信的事遭到了怀疑，我们就会找尽借口为自己的信念辩护。结果呢，多数我们所谓的推理，变成了找借口来继续相信我们早已相信的事物。"

几年以前，通用电气公司面临一项需要慎重处理的工作：免除查尔斯·史坦因梅兹担任某一部门的主管。史坦因梅兹在电器方面是第一等的天才，但担任计算部门主管却彻底地失败。然而公司却不敢冒犯他。公司绝对奈何不了他——而他又十分敏感。于是他们给了他一个新头衔。他们让他担任"通用电气公司顾问工程师"——工作还是和以前一样，只是换了一项新头衔——并让其他人担任部门主管。

史坦因梅兹十分高兴。

通用公司的高级人员也很高兴。他们已温和地调动了这位最暴躁的大牌明星职员，而且他们这样并没有引起一场大风暴——因为他们让他保住了面子。

让他有面子！这是多么重要，多么极端重要呀，而我们却很少有人想到这一点！我们残酷地抹杀了他人的感觉，又自以为是，我们在其他人面前批评一位小孩或员工，找差错，发出威胁，甚至不去考虑是否伤害到别人的自尊。然而，一两分钟的思考，一句或两句体谅的话，对他人态度作宽大的谅解，都可以减少对别人的伤害。

下一次，我们在辞退一个佣人或员工时，应该记住这一点。

以下，我引用会计师马歇尔·格兰格写给我的一封信的内容：

"开除员工并不是很有趣，被开除更是没趣。我们的工作是有季节性的，因此，在3月份，我们必须让许多人离开。

"没有人乐于动斧头，这已成了我们这一行业的格言。因此，我们演变成一种习俗，尽可能快点把这件事处理掉，通常是依照下列方式进行：'请坐，史密斯先生，这一季已经过去了，我们似乎再也没有更多的工作交给你处理。当然，毕竟你也明白，你只是受佣在最忙的季节里帮忙而已。'等等。

"这些话为他们带来失望以及'受遗弃'的感觉。他们之中大多数一生皆从事会计工作，对于这么快就抛弃他们的公司，当然不会怀有特别的爱心。

"我最近决定以稍微圆滑和体谅的方式，来遣散我们公司的多余人员。因此，我在仔细考虑他们每人在冬天里的工作表现之后，一一把他们叫进来，而我就说出下列的话：'史密斯先生，你的工作表现很好（如果他真是如此）。那次我们派你到纽约华克去，真是一项很艰苦的任务。你遭遇了一些困难，但处理得很妥当。我们希望你知道，公司很以你为荣。你对这一行业懂得很多——不管你到哪里工作，都会有很光明远大的前途。公司对你有信心，支持你，我们希望你不要忘记！'

"结果呢？他们走后，对于自己被解雇的感觉好多了。他们不会觉得'受遗弃'。他们知道，如果有工作的话，我们会把他们留下来。而当我们再度需要他们时，他们将带着深厚的私人感情，再来报效我们。"

在我们课程内有一个学期，两位学员讨论挑剔错误的负面效果和让人保留面子的正面效果。宾夕法尼亚州哈里斯堡的弗瑞·克拉克提供了一件发生在他公司里的事："在我们的一次生产会议中，一位副董事以一个非常尖锐的问题，质问一位生产监督，这位监督是管理生产过程的。他的语调充满攻击的味道，而且明显的就是要指责那位监督的处置

第八篇 自尊和理解

187

不当。为了不在他的攻击者面前被羞辱，这位监督的回答含混不清。这一来使得副董事发起火来，严斥这位监督，并说他说谎。

"这次遭遇之前所有的工作成绩，都毁于这一刻。这位监督，本来是位很好的雇员，从那一刻起，对我们的公司来说已经没有用了。几个月后，他离开了我们公司，为另一家竞争对手的公司工作。据我所知，他在那儿还非常称职。"

另一位学员，安娜·马佐尼提供了在她工作上非常相似的一件事，所不同的是处理方式和结果。马佐尼小姐，是一位食品包装业的市场行销专家，她的第一份工作是一项新产品的市场测试。她告诉班上说："当结果出来时，我可真惨了。我在计划中犯了一个极大的错误。整个测试都必须重来一遍。更糟的是，在下次开会我要提出这次计划的报告之前，我没有时间去跟我的老板讨论。

"轮到我报告时，我真是怕得发抖。我尽了全力不使自己崩溃，我知道我决不能哭，以免让那些人以为女人太情绪化而无法担任行政业务。我的报告很简短，只说是因为发生了一个错误，我在下次会议，会重新研究。我坐下后，心想老板定会批评我一顿。

"但是，他只说谢谢我的工作，并强调在一个新计划中犯错并不是很稀奇的事。而且他相信，第二次的普查会更确实，对公司更有意义。

"散会之后，我的思想纷乱。我下定决心，我决不会再让我的老板失望。"

假如我们是对的，别人绝对是错的，我们也不应让别人丢脸而毁了他的自我。传奇性的法国飞行先锋、作家安托安娜·德·圣苏荷依说："我没有权利去做或说任何事以贬抑一个人的自尊。重要的并不是我觉得他怎么样，而是他觉得他自己如何，伤害人的自尊是一种罪行。"

已故的德怀特·摩洛，拥有让双方好战分子和解的神奇能力。他怎么办得到呢？他小心翼翼地找出两方面对的地方——他对这点加以赞扬，加以强调，小心地把它表现出来——不管他做何种处理，他从未指出任何人做错了。

每一个公证人都知道这一点——让人们留住面子。

世界上任何一位真正伟大的人，绝不浪费时间满足于他个人的胜利。

即使是像罗斯福总统这样伟大的人物也难免会犯错误，所以，对待别人错误的讥评，我们应当怀着一颗宽容平静的心态来看待，即便对方错了，也要尊重他们，让他们保住面子。

心灵悄悄话

有时候，一句体谅的话，对他人态度做宽大的谅解，可以减少对别人的伤害，保住他的面子。

第八篇　自尊和理解

忍耐是一种机智

做一个真正的男人难吗？不难。只要你懂得选择人生的尊严与操守，自尊、自信、正直，放弃那些迎合别人的无谓牺牲，那么你就会拥有别人最真诚的敬意。

世道多变，个体生命置身其中，调理好自己的心理、心情、心绪、心态非常重要。外在事物不能伤害我们，往往是自我的信念与浮躁的态度伤害了自己。

维斯卡亚公司，是美国20世纪80年代最为著名的机械制造公司。许多人毕业后到该公司求职遭拒绝，原因很简单，该公司的高技术人员爆满，不再需要各种高技术人才。但是令人垂涎的待遇和足以自豪、炫耀的地位，仍然向求职者闪烁着诱人的光环。

詹姆斯和许多人一样，他的申请也被拒绝了，但詹姆斯没死心，发誓一定要进入该公司。于是，他采取了特殊的策略：假装自己一无所长。

詹姆斯找到公司人事部，提出愿为公司提供无偿劳动，请求分派工作给他。公司觉得不可思议，但考虑到不用花费，不用操心，便分派他去打扫车间里的废铁屑。

于是，詹姆斯勤勤恳恳地重复着这简单、劳累、无报酬的工作。为了糊口，下班后他去酒吧打工。

一年下来，詹姆斯得到了老板及工人的好评，但是，仍然没有录用他。他无怨无悔，依然默默地、勤勤恳恳地干着既简单又劳累的工作……

1990年初，耐心等待的詹姆斯，终于等来了机会。年初，公司的许多订单被退，理由是产品质量有问题，为此公司将蒙受巨大的损失。为了挽救颓势，紧急召开公司董事会商议解决，会议进行了大半，仍无眉目时，詹姆斯闯入会议室，提出要见总经理。在会上，詹姆斯对出现这一问题的原因做了令人信服的解释，并且就工程技术上的问题，提出了自己的看法，随后拿出自己对产品的改造设计图。这个设计非常先进，恰到好处地保留了原来机械的优点，同时克服了已出现的弊病。

总经理及董事们十分惊讶，没想到这个编外清洁工，如此精明在行，便询问他的背景以及现状。詹姆斯面对公司的最高决策者们，将自己的意图和盘托出。经董事会举手表决，詹姆斯当即被聘为公司的副总经理，负责生产技术问题。

原来，詹姆斯在做清扫工时，利用清扫工到处走动的特点，细心察看了公司各部门的生产情况，做了详细记录，发现了存在的问题，他又花了近一年的时间，统计数据、搞设计，做了大量的工作，想出了解决办法，为其一展雄姿奠定了牢固基础。

青年人在刚步入社会的时候，一定要克服浮躁的心态，放下架子，放下心中的欲念，放下对虚荣的执着，甘心从基础干起。詹姆斯如果不征服自己浮躁的心态，能有耐心干下去吗？能一展雄姿吗？能被聘为公司的副总经理吗？所以说，浮躁是耐心的大敌。耐心是成就一切事业的必要条件。乐观地面对人生，保持一份好心情就能消除浮躁。

只要我们改变自己的思维，改变自己的情绪，就能走出浮躁的误区。

浮躁是一种冲动性、情绪性、盲动性相交织的病态心理，与艰苦创业、脚踏实地、励精图治是相对的。

近年来，小张一直心神不定，总想出去闯荡一番，他觉得在原单位闷得慌。看着别人房子、车子、票子都有了，他心里慌啊！

小张以前也炒过股，倒腾过一些货，但都是赔多赚少。后来，小张就去摸奖，一心想摸个大款，可结果不仅彩票没有中，就连存折上的钱也没影了！再后来，他又跳了几家单位，不是专业不对口就是待遇不好，他感觉找个适合的单位真难啊！

后来，小张听说那些在刊物上发表了大作的人很有钱，于是写了作品给刊物寄去，盼望着有朝一日自己的作品也能发表，可最终石沉大海，连回信都没有……

为此，小张经常发牢骚，甚至经常因为一些鸡毛蒜皮的小事与别人争吵。这种恶作剧让小张解恨！为此他心里也确实觉得平衡了一些，是心理变态吗？也许是吧。反正，小张心里就是不踏实，闷得慌……

浮躁使人失去对自我的准确定位，使人随波逐流、盲目行动，对单位、国家及整个社会的正常运作极为有害，因此必须予以矫正。

蒲松龄，是清初山东人，由于当时科举制度不严谨，科场中贿赂盛行，舞弊成风，他四次试举都落第了。但蒲松龄志存高远，并未因落第而悲观失望，他立志要写一部"孤愤之书"，并在压纸的铜尺上镌刻一副对联：

"有志者，事竟成，破釜沉舟，百二秦关终属楚；

苦心人，天不负，卧薪尝胆，三千越甲可吞吴。"

蒲松龄以此自慰自勉。后来，他终于写成了流传千古的文学巨著《聊斋志异》，自己也成了万古流芳的文学家。

蒲松龄虽然落第，与仕途无缘，但他没有浮躁，而是找到了成就自己的另一条道路。在这条新开辟的道路上，他取得了成功，也为后人留下了宝贵的精神财富。

从蒲松龄的身上，我们学到了很多东西。如果你认为人生在世应该有所作为，那就要重视自己的存在，因为每个人的生命都是伟大的、有创造力的，只是我们常忽视这一点。另外，人生的辉煌，不仅需要不懈的努力和创造，更需要审时度势，找到自己的生活目标。无论现在还是未来，一定要牢牢地把握住机会，只有这样，你才不会在人生中留下遗憾。

对于过去的一切，我们大可不必耿耿于怀，是好是坏，都让它随风而去。生活中永远不缺乏体验与成长的机会，即便身处绝境，不也是开辟新天地的大好时机吗？

人生中无论遇到什么事情，都要求我们善于思考。不能采取盲从主义，考虑问题应从实际出发，不能跟着感觉走，看问题要站得高远，而且是必须学会去适应环境，绝不怨天尤人、沾沾自喜抑或垂头丧气。

当我们能心态平和地坚持把手头的工作做好，而不是被情绪上的大起大落支配了自己的行动的时候，才是我们真正地一步步远离困境、走向成熟的开始。

唯有充满信心，战胜浮躁，才能真正认识自己，才能注意到生命中许多微妙的层面，才能拓宽视野，捕捉到成功的机遇，走向生命的开阔处。不以物喜，不以己悲，才是超脱。

 心灵悄悄话

你要获取幸福快乐，获取成功，就要先使自己的心灵尽快冷却下来，浇灭心灵深处的浮躁，才能使你重新展开理想的翅膀。

第八篇 自尊和理解

193

不活在别人的眼光里

一个人要自尊、自爱、自强、自立，就是在生活中不要活在别人的眼光里，生活在别人的价值观里。渴求别人的喜爱与赞扬，把别人的喜爱与赞扬当作是绝对需要，花费心思与时间去取悦他人，是失衡的心态。只有先正其心，在心中添把火，燃起某些良好的希望，去追求事业的成功，才能从根本上战胜失衡的心态。

一天，父子俩赶着一头驴进城，子在前，父在后，半路上有人笑他们："真笨，有驴子竟然不骑！"父亲听了觉得有理，便叫儿子骑上驴，自己跟着走。

走了不久，有人议论："真是不孝子，自己骑着驴让父亲走路！"父亲于是叫儿子下来，自己骑上驴背。

走了一会儿，又有人说："这个人真是狠心，自己骑驴，让孩子走路，不怕累着孩子？"父亲连忙叫儿子也骑上驴背，心想这下总该没人议论了吧！谁知又有人说："那头驴那么瘦，两人骑在驴背上，不怕把它压死吗？"

最后父子俩把驴子四只脚绑起来，一前一后用棍子扛着。在经过一座桥时，驴子因为不舒服，挣扎了一下，不小心掉到河里淹死了！

很多人做人做事就像这故事里面的那个父亲一样，太过于在乎别人的看法。人家说什么，他就怎么做。结果呢？总是不能令别人满意。

一般来说，渴求别人的喜爱与赞扬，把别人的喜爱与赞扬当作是绝对需要的人，活在别人的眼光里，生活在别人的价值观里的人是个不敢得罪任何人的"老好人"。"老好人"总想讨好每一个人，不管别人的意见对与错，他连想都不想，更不去反对。这种人凡事缺乏主见。因为他不能自己做出有效的判断，所以只能是谁说得似乎在理，就听谁的。

无论是出于什么样的考虑，你都要明白一点：想面面俱到讨好每一个人，那是绝对不可能的！因为你不可能顾及每一个人的利益。你自以为把事情处置得十分周全，但对其他人来说，他们或许还嫌你做得不够。换句话说，由于每个人的感受和需求都各不相同，所以，无论你怎样"周到"，都会有人不满意！

如果事事都想做到面面俱到，结果肯定会把自己累死。因为你总是小心翼翼地去揣摩别人的意思，担心别人是不是会满意，这多累啊！你不神经衰弱才怪呢。

照他人的模式生活，牺牲真正的自我，是天底下最愚蠢的人所做的事。实际上，在这个世界上为你自己负责的人只能是你自己。所以，不必在意他人的看法，更不能让他人来左右你的人生！

人生苦短，生命有限。生活中待我们去学去做的事情太多了，我们不必也不能把自己的许多时间和精力都耗费在如何对付"人言"上。抛弃这个思想包袱，集中精力去做自己该做的事，这是最积极最有效的办法。

现实生活中，所谓的"能人"，都是能"修身""齐家"、发财致富的人。能发财致富的人理所当然地受到人们的肯定。没能发家致富的人，成为社会的落伍者、"没有本事"的笨人。在这种社会环境下，人们的内心世界开始失衡了：某人赚了钱，某人升了官，某人买了车，某人盖了别墅……我本来比他们强，可我却不如他们风光体面！对比产生了心理不平衡，而这种心理不平衡又驱使着人们去追求一种新的平衡。倘若在追求新的平衡中，你能不昧良知、不损害别人，自觉接受道德的约束和限制，通过正当的努力和奋斗去实现自己的人生价值，达到一种新的平衡，倒也是值得称道和庆幸的。倘若在追求新的平衡中，不择手

自 尊

段，毫无廉耻，丧失道义，膨胀自私贪欲之心，让身心处于一种失控的状态中，那么就必然会产生一些意想不到的可怕后果。由此，你的人生必将陷入难以回旋的败局之中。

有个人，原先曾是个表现不错、很能干也有实力的地方官员，因政绩突出，不断受到提拔。但在最近几年，当他知悉过去的同事、同学通过各种途径生活条件都比他好时，心里总不是滋味。想想自己的能力至少不比他们差，职位也比他们高，可钱却比他们少。而且自己作为一地"诸侯"，担子比他们重，责任比他们大，工作也比他们辛苦，经济上却不如他们，于是深感不平衡，由此也就有了一定要超过他们的想法。于是在他任职期间，大肆收受贿赂，欲望的洪水顿时倾泻而下，一发不可收，最终成了一名"死缓"的囚犯。

有一名年轻的教师，原先在教学上精益求精、兢兢业业，对学生无私奉献，赢得学生和家长的一致好评。但在一次朋友聚会的晚宴上，他看见一些人很富有时，心里不舒服起来。此后他总在想，我怎样才能富有？于是，经常利用上班的时间做发财的梦，开始对教书不负责任。学生和家长意见很大，他得到了学校的黄牌警告，但他不悔改，每天还是想着发财。一次在一个朋友的鼓动下去做走私生意而被抓获。其结果是财没发成，还做了阶下囚。

不平衡使得一部分人心里自始至终处于一种极度不安的焦躁、矛盾、激愤之中。他们牢骚满腹、不思进取、工作中得过且过、做一天和尚撞一天钟、心思不专，更有甚者会铤而走险、玩火烧身，走上了危险的境地。我们必须要走出不平衡的心理误区。

不平衡心理源于比较方式不当，源于比较"参照系"选择的失误。那个地方官员和教师，他们所选择的比较"参照系"自然是那些风流倜傥的有钱人，自认为能力、才华不比他们差，而收获却比他们少，这是多么不公平啊！而其实，只要我们多想一想那些普通劳动者，我们的心理又何尝会有这样多的焦灼、急躁与失落，甚至是愤愤不平呢？面对着众多普通人，我们的心灵就会多一份平静豁达，就不会深受不平衡心理的折磨，就能够达到一种高尚的思想境界。

心 灵悄悄话

心地无私是治愈心理不平衡疾病的良药。只有心地无私，才能保持心态平衡，才不会深受不平衡心理的折磨，达到一种高尚的思想境界。

第八篇　自尊和理解

不在言语上胜过别人

要人服，就要人心悦诚服，而仅仅在语言上胜过别人，只能使别人口服心不服。在现实生活中，我们不要逞一时的口舌之快，在言语上胜过别人。因为，人都是以自我为中心的，没有人喜欢你强迫他去做一件事。人们都喜欢按照自己的意念行事。

马哈尼先生，以推销一种与石油工业有关的特种装备为生。有一次他接到了长岛一位重要客户的订单，设计好的蓝图已获得客户的认可，正式开始进行生产。

不料事情却突生变故。该客户的朋友竟然斥责他犯下严重错误，他认为马哈尼的设计有误，并对其蓝图批评得一无是处。最后这位客户终于恼羞成怒，转而以电话痛斥马哈尼，并声称拒绝购买正在生产之中的那批特种装备。

"我仔细地将设计重新检查一次，发现我的设计并无错误，"马哈尼先生回忆此事道，"我知道那位客户和他的朋友，对此并不十分了解，但我知道我绝对不能当他们的面说出这话。我亲自去长岛跑了一趟。那位客户一见我进门，立即暴跳如雷地咆哮起来，讲话时还激动地挥舞着拳头，骂了许久，才愤愤地问道：'好吧！现在你打算怎么办？'

"我冷静地告诉他，一切尊重他的意见。'你是付钱买这种装备的人，'我告诉他说，'你当然有权要求装备完全合乎你的要求。这件事，总是会有人负全部责任的。如果你确定我的设计有错，虽然目前已投下了两千美元，但我们仍将停止生产，只要能取悦顾客，我们绝不会吝惜这区区两千美元的损失；但反过来说，如果我们的设计，完全合乎您的要求，那么希望您也能负起您的责任。如果设计无误，仍将继续生产，那么在生产过程中的一切问题，我们也自当负全部责任。'说到这里，他的情绪果然平静了许多，并告诉我说：'那好！你继续干下去好了！如果错误在你们，到时谁也帮不了你！'

"当这个人挥舞着拳头，在我面前嚣张地骂我无知低能时，我的确是费了好大劲，才压下那股与之据理力争的冲动，但这么做的收获是不容否认的。如果我当场揭发他的错误，甚至诉诸法律，与他对簿公堂，不但劳民伤财，还将因此损失一名大主顾。所以，我一直都很相信，顶撞他人，当场道出别人的错误，绝对是百害而无一利的。"

如果你肯定别人弄错了，便率直地告诉他，可知结果会如何？

很少人具有逻辑性的思考。我们多数人都犯过武断、偏执的毛病。多数人都具有固执、嫉妒、猜疑、恐惧和傲慢的人性弱点。

如果你真想改善自己与人相处的能力，或是提升自己的人脉，我建议你最好去读一读本杰明·富兰克林的自传——有史以来最精彩的一本传记，而且是美国古典文学的重要著作之一。去图书馆借一本也好，去书店买一本也好，总之要找到这么一本书，绝非难事。

在这本自传里，富兰克林明确地记述了当年他是如何改掉自己争强好辩的恶习，使自己变成美国有史以来最了不起的一名外交官的。

富兰克林年轻时，意气风发，不知收敛。有一次，他的一位教会朋友，突然把他拉到一旁，教训了他一顿，并带给了他改变一兰的启示。教训的内容大致是这样的：

"富兰克林！你这人真是不可理喻！当你提出与人相左的意见时，措辞总是那么强硬，这种话别人是听不进去的。有朝一日，你的朋友都将离你而去。事实上，你懂得确实很多，别人根本无法辩得赢你，他们会因此更加懒得与你交谈。如此一来，你的知识，将永远止于你的个人

所学，你不懂得集思广益，最后将会变得非常贫乏、空洞。"

富兰克林一生所做的最值得称道的事，莫过于冷静地接受了这位朋友的训诫。若非大智者，是不会有这种勇气认错，并立即痛改前非，着手改变自己的，否则，他又岂能躲开失败的厄运？

"我自己订了一个规则，"富兰克林说，"永远不正面违拗别人的意见，同时也绝不固执己见。我甚至不允许自己使用任何过于强烈的用词，如'绝对''毋庸置疑''千真万确'等，而只用'我想''据我了解''我推测'等较缓和的语气来陈述自己的意见。当别人发表了我认为不对的观点时，我第一个反应就是先制止自己当面驳斥的冲动，然后才举出对方观点中一些值得商榷的地方。我会说他的观点，在某些特定场合下可能正确，但却不能应用于眼前的状况。

"很快地，我就感受到这种态度转变所带来的好处。我在与人交换意见时，气氛变得比以往融洽许多，我提出意见时的态度愈谦和，收到的反对意见也愈少，同时也变得较容易规劝别人放弃错误的成见，接受正确的建议。

"这种做法，刚开始的时候，确实是非常艰难、很难控制得十全十美，但久而久之，就习惯成自然，变得得心应手许多。回顾50年来，我确实是从未发表过任何措辞强硬的论断，而这种谦和的态度，却使我在议会里受到了普遍的支持。我的演说能力并不很好，根本谈不上口若悬河，但我的主张，却仍能得到通过。"

人们为什么喜欢别人征询他们的意见，而不愿受人强迫、支配呢？这是因为世界上绝大多数人都是依自己的好恶为标准的。生活中你要想搞好人际关系，就要站在对方的角度想问题。不能不假思索，逞一时的口舌之快。殊不知，这样会给别人带来难堪，使人产生怨恨，从而也会给自己的人际关系埋下隐患。

江海为什么能成为百川之王？是因为江海懂得身处低下。为人处世也是同样的道理。良好的人际关系网的形成，不是靠能言善辩，更不是靠争强好胜，而是靠恭维谦逊的人生态度。只有肚似江海能行船的人，才是人际关系的圣手。

心灵悄悄话

　　如果你指出别人的错误时显得过于直率，再好的意见也不会被人接受的，甚至会产生很大的抵触情绪。你剥夺了别人的自尊，也会让自己成为一场讨论中最不受欢迎的人。

第八篇　自尊和理解

把过错揽到自己身上

赵受雇于一家超级市场，担任收银员。有一天，他与一位中年妇女发生了争执。"小伙子，我已将50美元交给您了。"中年妇女说。

"尊敬的女士，"赵说，"我并没收到您给我的50元呀！"中年妇女有点生气了。赵及时地说："我们超市有自动监视设备，我们一起去看一看现场录像吧。这样，谁是谁非就很清楚了。"

中年妇女跟着他去了。录像表明：当中年妇女把50元放到一张桌子上时，前面的一位顾客顺手牵羊给拿走了，而这一情况，谁都没注意到。

赵说："女士，我们很同情您的遭遇。但按照法律规定，钱交到收款员手上时，我们才承担责任。现在，请您付款吧。"

中年妇女的说话声音有点颤抖："你们管理有欠缺，让我受到了屈辱，我不会再到这个让我倒霉的超市来了！"说完，她付了款就气冲冲地走了。

超市总经理明德在当天就获悉了这一事件。他当即做出了辞退赵的决定。一些部门经理，还有超市员工都找到明德来为赵说情和鸣不平，但明德的意志很坚决。

赵感到很委屈。明德找他谈话："我想请你回答几个问题。那位妇女做出此举是故意的吗？她是不是个无赖？"赵说："不是。"

明德说："她被我们超市人员当作一个无赖请到保安监视室里看录像，是不是让她的自尊心受到了伤害？还有，她内心不快，会不会向她的家人、亲朋诉说？她的亲人、好友听到她的诉说后，会不会对我们超市也产生反感心理？"

面对一系列提问，赵都一一说"是"。明德说："那位中年妇女会不会再来我们超市购买商品？像我们这样的超市在上海有很多，凡是知道那位中年妇女遭遇的她的亲人会不会再来我们超市购买商品？"赵说："不会。"

"问题就在这里，"明德递给一个计算器，然后说，"据专家测算，每位顾客的身后大约有250名亲朋好友，而这些人又有同样多的各种关系。商家得罪一名顾客，将会失去几十名、数百名甚至更多的潜在顾客；而善待每一位顾客，则会产生同样大的正效应。假设一个人每周到商店里购买20元的商品，那么，气走一个顾客，这个商店在一年之中会有多少损失呢？"

几分钟后，就计算出了答案，他说："这个商店会失去几十万甚至上百万元的生意。"赵说："通过与您谈话，使我明白了您为什么要辞退我，我会拥护您的决定。可是我还有一个疑问，就是遇到这样的事件，我应该怎么去处理？"

明德说："很简单，你只要改变一下说话方式就可以你把'过错'揽到你的身上，就不会伤害她的自尊心。"

下面是某工程机械制造厂的科长与其部属的对话："小李，你看起来气色蛮好的嘛，听说最近挺清闲的？你看人家小张，多忙！在这个社会上，总是能者多劳的。不过听说你的英文很棒，反正闲着也是闲着，帮我翻译一下这篇稿子，这个星期就要！"

"这星期？我恐怕要跟你说声抱歉。下星期一我有一个会议，必须准备一些相关资料。所以可能没时间为你翻译，科长不也是大学毕业的吗？我看根本不用托我嘛，反正我正职的工作都做不好，就别说翻译这么重要的事情了。""啊，我知道了，算了，不求你也罢！"

上例的科长算是在求人办事吗？找部属替自己翻译，是要去说服而

不是贬低他。拿对方同别人相比，言辞间流露出批评之意，甚至还抨击对方工作没做好什么的。如此一来，对方哪还会想替你做事，这实在是个糟糕透顶的例子。事实上许多人都是这样子的，伤害了他人的自尊，却还摆出一副若无其事的样子。碍于上司下属的关系，对方即使受到伤害，也不至于当场和你翻脸。但是长期下来，部属心中对于上司的不满，久而久之也会忍不住溢于言表的。

如果这位科长像下面这样说话，就不会碰壁了："小李，你最近有空吗？听说跟你同期的小张最近很忙。知识经济时代，真是能者多劳啊。下星期一又要开会，你现在一定也很忙吧！我曾听人说你的英文程度不错，不知能否抽空帮我翻译一下这篇文章呢？是非常重要的资料，急着要的，行吗？"

"这星期就要吗？大学毕业的科长都不敢掉以轻心，看来这篇翻译想必非常重要。虽然不知是否能让您满意，我一定会全力以赴的！"

"我就知道你绝对没问题，不然我也不会来找你了。拜托你啦！"

如此和气尊重的请托，谁会忍心拒绝呢？为什么换一种说法小李的情绪转变得和前例迥然不同呢？这是因为他的自尊心得到极大的满足。

心灵悄悄话

无论是谁，其对自身的东西都会有一分自豪、珍惜之心。尊重这份感情，也就能赢得对方的信赖。一般人若能在工作上得到上司的肯定，就很容易滋生甘为对方赴汤蹈火的情感。伤害对方的自尊可说是求人办事的一大禁忌。

没有人喜欢接受命令

曾经有位记者与美国资深传记作家艾达·塔贝尔夫人愉快地共进晚餐。记者告诉她自己正在写一本书，并共同讨论了"没有人喜欢接受命令"这一规则在人际交往中的重要作用。他谈到自己在为鲁比诺写传记时，曾见过一位和鲁比诺先生在同一办公室里共事三年的先生。他说几年来自己从未听到鲁比诺先生直接命令别人做过什么。鲁比诺总是提出建议，而不是命令。他从来不说类似这样的话，诸如"去做这个，去做那个"，或者"别这么做，别那么做"。他会说"你可以这么想"，或者"你是否认为这样会好一些呢"。每当他口述完一封信时，经常会问："你对此有什么想法？"而在阅读完助理写的信时，他又会说："也许这句话我们这样说会更妥当一些。"他总是给人们机会去主动地做事情，而不是要求别人做什么；他让他们自己做，并从自身的错误中学到东西。

使用这一技巧能让人们轻易地改正错误，因为它维护了人们的自尊。尊重他人的作用在于鼓励合作的同时避免了对抗。

无礼命令所引起的怨恨通常会维持很长时间——即使这个命令是为了让对方更正明显的错误。

戴尔·尼尔顿是来自宾夕法尼亚州怀俄明市一个职业学校的教师。他讲道：自己有一个学生曾将汽车违法地停在了车道上，并因此堵住了通往学校商店的入口，于是，一位教师咆哮着走进教室，怒气冲冲地问

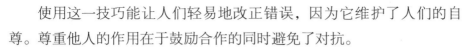

第八篇　自尊和理解

道："是谁的车堵在了车道上？"当那个学生回答是自己的车时，他喊叫道："马上把汽车给我移开，否则我就要用链子把它拖走。"

学生的确做得不对，汽车不应该停在那里。但从那天起，不仅学生本人为那个教师的行为感到气愤，班里其他同学也都尽可能地让那位教师难堪，为他的工作设置障碍。

如果当初他不那么做，应该使用怎样的解决方法呢？假设他以一种友好的方式问道："是谁把车停在了车道上啊？"然后建议能否移开，以便其他车辆出入。那么学生一定会高兴地移开车，同学们也不会因此而愤愤不平。使用提问的方式不仅能让命令显得更加顺耳，往往还能激发被询问者的创造力。如果人们能在一定程度上拥有决定执行命令的权利，他们会更加乐意接受这个命令。

随着每个人在家庭、学校、社会中的不断成长，应该努力克服自卑，追求优越，人格就是围绕这一潜在的基本努力而构建起来的。每个人克服自卑、寻求优越而获得补偿的方式各不相同，由此形成不同的生活风格和人格。当一个人面对自卑而积极地寻求补偿、追求优越时，自卑感反而是一种催人向上的动力，这时人会开拓和体验积极的生活。

阿德勒最有代表性的一个理论是"自卑情结"。他认为，人天生有一种争强好胜、追求优势地位的本能冲动，但是，人从一出生起就处于弱小、卑微、幼稚、依赖和无助的境地，都体验着自卑。"所有的儿童都有一种内在的自卑感，它刺激想象力并诱发其企图改善个人的处境，以消除心理的自卑感。个人处境的改善导致自卑感的减弱。"阿德勒称这种机制为心理补偿，并认为，缺陷感越大，自卑感越重、越敏感，寻求补偿也越迫切，因此孱弱的儿童往往表现出比健全的儿童更好胜。

阿德勒进一步认为，补偿机制运用得适当与否，能决定人格是否正常发展。患精神病就是潜意识中的一种补偿方法，是对自身无能的一种逃避和借口。他认为很多精神病都根源于儿童期，这个责任在于父母。许多父母对子女不是娇生惯养就是独断专制。过严过高的要求，往往使孩子因达不到目标而悲观失望，最后无意识地患起精神病来逃避。要求过宽，易使子女养成自私任性、骄横霸道的性格，这样的儿童一离开家庭进入社会，就会处处感到不如意、受委屈，也会无意识地患上精神病以逃避生活目标和压力。因此阿德勒得出结论：预防重于治疗。他于1921年创办了一个儿童指导诊所，并在维也纳教育研究所担任讲师，全力推行健全人格的教育。

自卑常常在不经意间闯进我们的内心世界，甚至控制着我们的生活。在我们有所决定、有所取舍的时候，向我们勒索着勇气和胆略；在我们要大踏步向前迈进的时候，自卑会拉住我们的衣袖，叫我们小心"地雷"。自卑是人生最大的栏架，每个人都必须成功跨越才能到达人生的巅峰。

心灵悄悄话

历史上，我们不难发现，许多有名的人物的言行和隐藏在内心中真正的意识表里并不一致。甚至有些人虽然看似开朗，但事实上却充满着自卑心理，并对世事抱着内疚或欲求不满之感。

和对方达成相互理解

日本的一家电视台，每周设有一场关于人生问题的讲座，据说收视率比其他同时段的节目要高出许多。

这个节目收视率之所以偏高，原因是多方面的，最重要的一个原因在于节目中主持人对于观众所提出的难题进行了巧妙的回答。

大多数有着疑难问题而上电视请教的观众朋友，在开始的时候，会对解答者的各种忠告提出反对意见或进行辩解，并且显得十分不情愿接受对方所言的样子。但久而久之，对解答者所说的每一句话都会频频颔首称是。这些画面给观众留下的印象要比在电影院欣赏一部电影的感受要深得多。

凡电视台主持人的或问或答，无一不是精挑细选才产生的，所以光是听他们的说服方法也获益不少。

对于不易说服的人，最好的办法就是要使对方认为你也和他们站在同一立场。通常出现在探讨有关人生问题的电视节目的观众朋友，以离婚女子占多数，此时负责解答疑难者说的一句话是："如果我是你的话，我会原谅他的，并且绝不与他分手。"短短的一句假设，在对话中却发生了奇妙的作用，这是因为主持人迎合了观众的"自己才是最可爱的"这一心理，从而在心灵上产生了奇妙的共鸣效果，让这台节目成为双方沟通的桥梁。这家电视台也因此在当地的同行中独占鳌头。

美国著名演讲家戴尔·卡耐基曾经说过："要想提高影响力，将对方视为重要人物并以诚相待，纵使是敌对者也会成为友人。"

在上述实例中，日本的那家电视台之所以能够在众多的同行中脱颖而出，所设节目成为广大电视观众最喜欢的收视项目，是因为他们巧妙地迎合了观众的心理，站在对手的立场考虑问题，即使在说服的过程中不小心用了一些不恰当的言辞，一句"如果我是你的话"，不但弥补了言辞上的过失，而且促使对手做出自我反省，使对手在思考之后终于感到，唯有你的忠言，才是对自己最有利的。

在谈判桌上，自尊心很强的人往往比较难以对付。如果你希望他能够接受一项繁杂而又为一般人所难以接受的条件时，最好的办法是触及他的自尊心。一般来说，自尊心强的人大都很自信，并且不论在任何场合下都会认为自己是与众不同的，不愿和普通的人混为一谈，所以，作为一个有影响力的人，你在谈判中要想影响他人的时候要注意在不知不觉中使他意识到"为何不去烦劳别人，却偏要烦劳他"的原因。譬如："像这类的难题要彻底解决实在是非你莫属。"如此简单的一句话，却能够打动对手的心，使得你的影响力迅速得到提高。

心灵悄悄话

任何人，当他受到来自他人的尊敬和信赖的时候，他都会从内心感到高兴，虽然明知道那是恭维，但听起来也会感到舒畅。自尊心越强的人，越有这种倾向。

尊重和理解让孩子重新开心起来

我们在教育子女时永远不应忘记"尊重"二字。许多时候，青少年错了，能够自察自纠，真正麻木不仁的孩子是很少见的。

由此可见，尊重与理解是让青少年意识到错误并能改正错误的最有效方法。

生活中，最常见的是父母因孩子成绩不好而责怪孩子、羞辱孩子。

贝贝是个小学四年级的孩子。他很聪明，但是个性骄傲，容易自满，一次考试，贝贝因为马虎而失利了，数学只得了 69 分。拿到成绩单后，妈妈的脸马上沉了下来，她开始骂儿子："就这成绩，以后你可怎么办？""还说什么'尖子生'，我看是差等生吧！""我告诉你，以后再考这种成绩，你就别进门，废人！"

像这种责骂的方法，简直是毫无理性可言。青少年容易骄傲，但这是可以慢慢改变的，母亲怎么能一生气就骂青少年"是差等生"呢？这实在是太过分了！

或许这些父母认为，这样也没什么大不了的："儿子是自己的，即使骂得重了点，也不会怎么样。何况，如果不这么骂，他根本就不当一回事。"可是，他们没有想到，青少年心里却觉得人格受到轻视。不管怎样，这种责骂的方式，是非常不明智的。

其实，每个人都有被别人尊重的需求，不要以为孩子年龄小就不需要被尊重。教育学家早已告诉我们，伤害青少年的自尊心，是教育青少年的大忌。因为不尊重孩子，不仅会使父母与孩子的关系疏远，还会使孩子尊严扫地，很难再以正常的心态去面对人和事，去面对自己的人生。

每一个孩子都是独特的，他们的心理需求都各不相同，有些孩子需要父母更多的理解和认同；有些孩子需要父母更多的关注；有些孩子需要父母更多的爱……但并不是需要父母更多爱的孩子，就不需要父母的理解和认同。每一种需求对孩子来说都很重要，但其中某一两种需求会对孩子更重要。所以，父母要想让孩子随时保持乐观的态度，就要了解他们的需要，并根据他们的需求调整自己的教育方法。

如果你的孩子经常向你抱怨"没有人喜欢我""我感觉老师和同学们都讨厌我""没有人爱我"……那说明你的孩子心理很脆弱，他们常常会表现得多愁善感，而且很容易激动。他们十分注重别人对他们的态度，因此他们常常对这种态度做出敏感的反应。有时，甚至来自他人的一个不友好的眼神，就会令他们沮丧很长时间。

这时，只要有人理解他们的感受，并愿意跟他们一起分担，他们的心情就会慢慢好转。因此，要想让孩子重新开心起来，父母应该认真地倾听他们的诉说，并对他们的感觉和情绪表示理解和认同。

当孩子出现抱怨时，如果父母试图告诉他们：你刚才的感觉是错误的。那父母就犯了一个大错误，这样只会使孩子的消极情绪越来越多，但如果父母对他的遭遇表现出理解和同情，那孩子的消极情绪可能就会一点点消失，有时甚至还会看到消极背后积极的一面。

孩子需要知道自己并不孤独，别人也有痛苦，所以，父母不妨把自己的苦衷讲给他们听。例如，当孩子又向你抱怨他的这一天过得有多么糟糕时，父母可以这样回答他："我今天也很烦，因为做错了一点小事而被领导批评了。"当然，妈妈说这些并不是指望孩子来抚慰自己，只是想满足敏感型孩子的特殊需要，让他知道，妈妈也有痛苦，他并不孤独。

当孩子强烈需要他人的理解和同情，作为父母，应尽量满足孩子的

这一需求。当孩子的需要得到满足时，他们独特的天赋就会显露出来。他们思考力很强、悟性很高、极具创意；他们懂礼貌、富有同情心、乐于助人。

许多父母也想尊重孩子的意愿和想法，但往往不知道怎样做。那么，你不妨按照下面的方法来做做看。

首先，尊重孩子的每一个意愿和想法，给孩子一个自主决定的机会。尊重孩子的权利，就是要征得孩子的同意，让孩子有选择的机会并且在尊重孩子的基础上给予引导，这也是民主家庭中父母为孩子应当负起的一个责任。

其次，父母在决定之前，不妨先听听孩子的意愿和想法，尊重他的选择。现在的父母都希望自己的孩子多才多艺，成为一个优秀的孩子。那么，如果让孩子学，一定要仔细观察，再选择一种比较适合孩子性情及兴趣的才艺。千万不要让他一下子接触太多，或强迫他学习没有兴趣的东西，破坏了他以后学习的信心和欲望。

赏识孩子，就一定要尊重孩子的意愿和想法。当孩子想要向父母表达他的想法和观点时，父母给他足够的时间和空间，耐心倾听孩子的话语。

当孩子在父母和客人谈话时突然想要发表自己的看法，也不要打击和压制他们，而应该说："好吧孩子，你也来说说你的观点！"

当孩子主动和父母谈起他对某件事情的意愿和想法，不要不耐烦地敷衍了事，而应该对孩子说："孩子，来，我们一起聊聊。"

有时候当孩子犯错误时，表现出对孩子的尊重，远比生硬地责骂或是惩罚更容易让孩子意识到自己的错误，也更容易使孩子改正自己的缺点。

保护青少年的自尊心

"我真希望你能拿个镜子照照自己，看看你那副德行！"

"你怎么总是给大家拖后腿？"

"我想我也别对你抱什么希望了，事到如今我早知道你有多么恶劣了。"

"你这种人永远不可能有朋友。"

"你能不能像点样？怎么跟个两岁的孩子似的。"

"你吃也没个吃相。你这辈子连吃饭都学不会。"

家长在一系列抱怨和指责之中，将孩子的自尊无情地踩在脚下。孩子的自尊心在受到极大伤害的同时，他们会开始变得消沉、叛逆、缺乏上进心。他们原本就不太自信的内心在这样的打击之下，更是雪上加霜，越发变得不自信起来。

保护孩子的自尊心就是在保护孩子的自信心。一个没有自尊的孩子是没有任何自信可言的。孩子遭受挫折，受到伤害，需要的是正面的鼓励，帮助他克服弱点，战胜困难。不要泼冷水，数落孩子的缺点或过失，帮助孩子从沮丧、悲观中走出来。

陶伟是班里的数学课代表，数学成绩自然总是名列前茅的。陶伟一直对自己的数学科目很自信，可是，这次测试中，陶伟却考了自己有史以来的最低分70分。看着考卷上鲜红的"×"，陶伟很沮丧。

陶伟拿着数学考卷灰溜溜地回了家，妈妈看着孩子紧皱的眉头，一

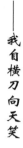
副心事重重的样子，便走上前去问道："怎么了，发生什么不愉快的事情了？"

陶伟从书包里拿出考卷对妈妈说："数学没考好，我只拿了70分。"

妈妈轻轻地扫了一眼卷子，语气轻快地说道："别泄气，好好找找这次没考好的原因。我相信只要努力，再大的失败都可以改写。你一定能考好的。"

陶伟听了妈妈的话，很意外地问道："考不好，你怎么不批评我呢？"

妈妈笑着说："妈妈相信你这次测试一定也是尽力去完成了，只是或许有什么题目没有答好，待会儿把错的题目重新做一遍，下次测验争取考好一点。我对你有信心。"

陶伟感激地望着妈妈笑了。

有的父母一看到孩子的成绩不好，或是考试不及格，脸马上就沉了下来："怎么考得这么差?！真丢人！"或者："不及格，你的书怎么读的？真是蠢死了！"

孩子没考好，或者不及格本来就有些着急和不好意思，甚至难受。这时，孩子最需要的是亲人的关怀，尤其是父母的关怀。如果这时父母能够更关心他一些，帮助他找出失败的原因，鼓励他从中吸取教训，努力学习，孩子也可能会奋发努力，赶上进度。反之，如果一味指责，孩子只会更加悲观、失望，甚至内心很可能反抗："丢人就丢人，我笨，我学不好！"进而放弃努力。

田中角荣是日本前首相。他小时候生活艰苦，但是他还是克服了艰难和困苦，最终达到了自己事业的顶峰，成为日本首相。

田中角荣在2岁的时候有一次好几天高烧不止。高烧好了后，他就留下了长期咳嗽的毛病。这以后，不停地咳嗽常常使他想说的话因为咳嗽说不下去而说不完整。这样一天天的，就落下了口吃的毛病，总是受到同学们的嘲笑。

有一次上课时，有个同学在下面偷偷地笑，老师以为是田中角荣在笑呢，就对他说："你不愿意听课就出去，不要在这里影响课堂秩序。"田中角荣急了，站起来说："不——"他想说"不是我在笑"，结果一着急说不出来，说了好几个"不"字。老师生气了，说："不什么啊？你还不服气啊？你给我出去！"这下，田中角荣委屈得直掉眼泪。

在回家的路上，同学们也因为这件事嘲笑他。回到家后，田中角荣气呼呼地坐着，谁也不理。妈妈一看，心想：这孩子肯定在外面受了什么委屈了。妈妈了解了事情的经过后，出人意料地笑了："孩子，有什么好气的。如果是我就会把这个当成是对自己的触动。""触动？"小田中角荣不懂。妈妈说："老师为什么不明白你说的话？同学们为什么嘲笑你？不就是因为你口吃嘛。那就把这个口吃改好给他们看，我就是能好好地说话，我不比你们差。有比别人强得多的信心就是你胜过他们的最大资本，所以你要靠你自己纠正口吃。我知道你一定能克服这个毛病，妈妈相信你一定可以。"

田中角荣一下子明白了自己该怎么做。从此，他每天早上起来练唱歌，练发声，练上一个小时才休息。在课堂上，在家里，他都不停地练习朗读课文。几个月过去后，田中角荣不仅可以流利地说出自己想说的话，还大大提高了语言逻辑能力和思维表达能力，为他以后演讲能力的提高打下了良好的基础。

青少年在很多时候会遭受误解，有时候他们也会感到很委屈。这时父母就应该及时发现孩子心理出现的细微变化，让孩子知道父母明白他的悲伤，让孩子感受到父母对他的关爱与尊重。这样一来，孩子可能会心情开朗，一心去克服困难，走出低谷。

1. 多给孩子安慰和鼓励。

孩子有时失败了，或者有什么失误，这是正常现象。父母应该多给

他们安慰和鼓励，帮助其找出原因，使他们的自尊心、自信心得到充分的保护。

2. 切忌对孩子说"你懂什么"之类的话。

这是许多父母常挂在嘴边的一句话。殊不知，这是伤害孩子自尊心、自信心的"恶语"。每当孩子听到这样的话，自然会泛起难言的苦涩：父母都不信任我，我还有什么前途？甚至会因此而自暴自弃，一蹶不振。

3. 对孩子进行积极的自我暗示。

自卑是自信的大敌。缺乏自信的孩子大多是自卑的。所以父母要经常让孩子保持一种信念："我行""我能行"。利用这种心理暗示在孩子的心田上播撒自信，消除自卑。

没有自信的青少年总是喜欢说："我天生就是这样""我不行""我没有希望"等。如果他们喜欢把这些消极的用语挂在嘴边，就永远没有可能有自信心，而且会让他们变得更自卑。